JN194724

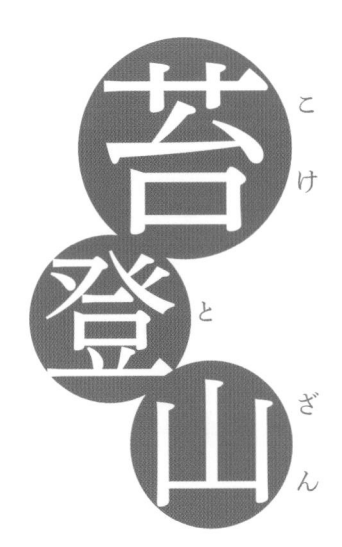

苔登山

こけとざん

もののけの森で山歩き

大石善隆
Oishi, Yoshitaka

岩波書店

はじめに

　健康志向の高まりか、あるいは文明生活に疲れた心がそうさせるのか。近年、登山ブームが裾野を広げつつある。

　そんな中、地味に一部から熱い視線を浴びているものがある。コケだ。今では、山ガールならぬ苔ガールまでもが登場し、各地の山々で、コケにちなんだイベントも開催されるようにまでなった。

　これまではコケなんて興味のなかったような人さえ振り向かせてしまう山のコケ。その魅力を一言で表すと、「美しい」に尽きる。大自然の中で、コケはそのみずみずしさに磨きをかけ、キラキラと輝いている。そしてその健気な生き方は、見る人の心をつかんで離さない。あるときは形を変え、またあるときはわずかなチャンスを利用して、山の厳しい環境を生き抜くコケたち。自然界の試練に必死に耐えるその姿は、どこか、日々の生活に葛藤しつつ生きる私たちの姿と重なる気さえする。

　山のコケは、山歩きの楽しさを増やしてくれるだけではない。実は、足元の山のコケには、数万年にわたる山の歴史から、人類の未来を左右するかもしれない環境問題までもがギュッとつまっているのだ。

　本書を持って、小さなコケの声に耳を傾け、山を歩いてみよう。そうすれば、いつもとは違う山の姿がきっと見えるはずだ。

....

（参考）本書の山の標高区分（基準は本州中部）

低 山 帯：標高 0〜500 m 付近。シイなどの照
　　　　　葉樹林が発達

山 地 帯：標高 500〜1500 m 付近。ブナなどの
　　　　　落葉樹林が発達

亜高山帯：標高 1500〜2500 m 付近。シラビソ
　　　　　などの針葉樹林が発達

高 山 帯：標高 2500 m〜。ハイマツやお花畑が
　　　　　広がる

....

目　次

第Ⅱ部　解　説　篇

ミズゴケは地球を守る？

硫　黄　泉──地獄でも生きるコケたち

写真＝著者
イラスト＝ウチダヒロコ
（図1〜3、5〜7、10 イラスト＝著者）

第 1 部

実 践 篇

1　厳選！　全国コケの山・コケの森

　まずは、「山のコケ」を語る上で外せない山や森、14ヶ所を紹介しよう。コケの特に美しいところを中心に選んだが、一部でコケが消えてしまった大台ヶ原など、特徴的な場所も掲載した。簡単な地図や周辺情報も載せてあるので、コケに会いに行くときは参考にしてほしい。

北アルプス

屋久島

南アルプス

大台ヶ原

雨竜沼湿原

樽前ガロー・苔の洞門

屈斜路湖

奥入瀬渓谷

穴地獄

八ヶ岳

奥多摩

高尾山

青木ヶ原樹海

樽前ガロー・苔の洞門

幻想的なコケの渓谷

①

②

③

支笏湖畔で噴煙をあげる活火山、樽前山。その周辺には、火山によってつくられた凝灰岩が広く分布している。凝灰岩はもろく崩れやすいため、長い年月をかけて水の通り道が削られ、深い渓谷になる。樽前山麓にある樽前ガローおよび苔の洞門はいずれも、こうしてできた渓谷だ（「ガロー」とは「切り立った崖」という意味）。凝灰岩には水を含みやすいという特徴があるため、樽前ガロー・苔の洞門ともに、高さ十数メートルの岩壁が一面、コケで覆われている。

主にみられる種は共通しているが、樽前ガローでは谷底に川が流れているため、苔の洞門より湿った環境を好むコケが若干多くみられる。朝霧に包まれたコケの

①川霧に浮かぶ樽前ガロー。②銀緑色のエビゴケの大群落。特に6〜10月が美しい。③エビゴケ。その名の通り、海老のような形。

④苔の洞門。⑤エゾチョウチンゴケ。茎の先端に棒状の無性芽をつける。腐植土上。⑥スジチョウチンゴケ。花のような雄花盤（雄花にあたる）。倒木・湿岩上。⑦ジャゴケ（オオジャゴケ）。蛇の皮のような模様。湿岩上。

渓谷は、息をのむほどに幻想的だ（※なお、苔の洞門は2019年5月現在、土砂崩れの影響で立ち入り禁止になっている）。

足場がよくないところもあるので、歩きやすい靴で。苔の洞門は15分程度の山歩きが必要。付近にはヒグマも生息しているため、朝晩の単独行動は控えよう。

Point!
コケの壁
体表から水を吸収するコケは、垂直の岩壁など、土がない場所にも生えることができる。他の植物が侵入しづらいこのような環境は、コケの天国だ。

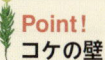

雨竜沼湿原 地球を守るコケの湿原

①

②

③

①雨竜沼湿原。中央よりやや左の小島（浮島）は、泥炭などからなり、水面に浮いている。②草原の間にひそむキダチミズゴケ。③アオモリミズゴケ。ミズゴケ類の同定は難しい。

雨竜沼湿原へは、南暑寒荘から1時間半程度の山登りが必要。ヒグマが多いので注意。例年9月末には登山道が閉鎖される。

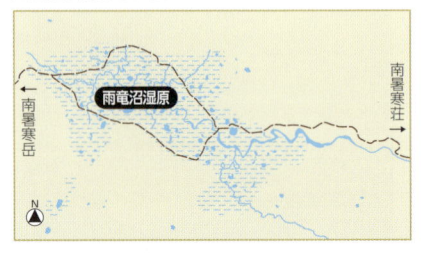

緯度や標高が高く、冷涼な地域には高層湿原（ミズゴケ湿原）が発達する。雨竜沼湿原は、日本最大級の山岳高層湿原の1つ。どこまでも草原が続き、一見すると、どこにコケがあるかわからないかもしれないが、しゃがんで草原を見ると、ミズゴケがちゃんと顔をのぞかせている。雨竜沼湿原では12種ものミズゴケが記録され、浮島（ミズゴケ類や泥炭などの塊が湖の中へ分離・浮遊しているもの）が点在する。

Point!
ミズゴケの働き

貧栄養のミズゴケ湿原では、植物が枯れても分解が進まず、泥炭として蓄積される。雨竜沼湿原では、古いものでは約1万年前の植物遺骸までもが、完全に腐らず、泥炭として残っているとされる。

屈斜路湖 マリモならぬマリゴケ

①

屈斜路湖には、マリモのような「マリゴケ」がある。これは特殊なコケではなく、屈斜路湖の強い水流で湖底のコケがちぎれ、丸まったものだ（ちなみにマリモはコケではなく緑藻からできている）。マリゴケをつくるコケは何種類か知られており、写真①③のマリゴケはウカミカマゴケによるもの。湖畔には、丸くなっていない通常のウカミカマゴケもみられる。

②

③

湖畔を散策すると、運がよければマリゴケを見ることができる。なお、マリゴケは1969年に弟子屈町の天然記念物に指定されている。

①マリゴケと屈斜路湖。夕暮れどきの哀愁漂う姿が切ない。②マリゴケの構成種の1種、ウカミカマゴケ。③マリゴケ。

中島

阿寒湖

屈斜路湖

摩周湖

N

Point!
コケの形は自由自在？

木や草と違って、コケは葉の細胞一つひとつが水や栄養分を外部から吸収している。そのため、群落や個体の形については自由度が高く、環境に適応していろいろな姿をみせる。通常はひも状に伸びているコケが、マリゴケのような丸い群落になるのもその一例だ。

奥入瀬渓谷

みずみずしいコケの原生林

①

①三乱の流れ。一帯には、オオバチョウチンゴケ（p.29）、オオトラノオゴケ（p.32）などが目立つ。

Point！
落ち葉は大敵

奥入瀬のような落葉樹の森で、どこにコケが多くあるか観察すると、樹幹や岩上、倒木など、「土の上」ではないことに気がつく。落葉樹林では、土の上には落ち葉が積もり、コケが覆われてしまうためだ。

コケが一面に生えた倒木。しかし、そのまわりには落ち葉が積もり、コケは見えない。

渓流沿いは、コケがひときわ輝く。とくに美しいのは夏と秋。夏のみずみずしいコケの緑は清涼感にあふれ、秋は紅葉との対比が美しい。奥入瀬渓谷は、手軽に渓流沿いのコケが観察できる場所の1つだ。

季節によって異なった顔を見せるコケたちの美しい緑を愛でたい。

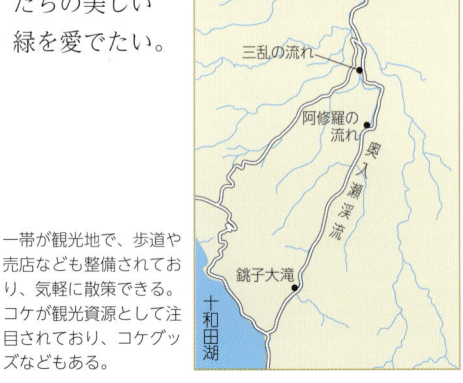

一帯が観光地で、歩道や売店なども整備されており、気軽に散策できる。コケが観光資源として注目されており、コケグッズなどもある。

②オオトラノオゴケに覆われる岩。③オオトラノオゴケ。大形で目立つ。散策路の大きな岩や樹幹を探してみよう。④ブナの樹幹。⑤樹幹を覆うのは、オオギボウシゴケモドキ (p.33) など。⑥ハミズゴケ。葉や茎がほとんど退化して、胞子体が目立つ (p.62)。胞子体の下の地面には緑色の原糸体が広がっている。⑦渓流の中の岩に生えるアオハイゴケ。オオバチョウチンゴケよりもやや黒みがかることが多い。⑧歩道の一部。渓流とコケを見ながら散策できる。

奥多摩　首都圏から日帰りで苔三昧

①御岳山のロックガーデン。岩を覆うのは、ヤノネゴケ、オオバチョウチンゴケ(p.29)、コツボゴケなど。やや明るいところにはハイゴケ類なども。②コケの谷。岩場は滑りやすいので注意。

首都圏に住んでいるとなかなかコケの森に行けない……そう思っている方も多いだろう。でも、首都圏から日帰りできるコケの森がある。それが、奥多摩だ。奥多摩の山々には渓流が多く、コケに覆われている場所も少なくない。

とくにアクセスがよく、コケを楽しめるのは、御岳山と川苔山。

御岳山　ロープウェーを使って御岳山駅へ。コケが美しいロックガーデンまでは徒歩30分ほど。軽登山の装備があった方が望ましい。

⑤⑥林床のヒノキゴケ。梅雨時や晩秋になると一際美しい。⑦オオカサゴケ。雨が降ると、可愛らしい傘を開く。腐植土上。

③川苔山の渓流。岩の上を覆っているのはヤノネゴケなど。明るい黄緑色が目立つ。④ヤノネゴケ。湿った土・岩上。

コツボゴケやヤノネゴケなどで一面覆われた岩々や、ふわふわのヒノキゴケ、雨が降ると可愛らしい傘を開くオオカサゴケは必見。

川苔山　バスで登山口まで移動できる。岩や谷が多く滑りやすい。危険な箇所も少なくないので、こちらも軽登山の装備が必要。

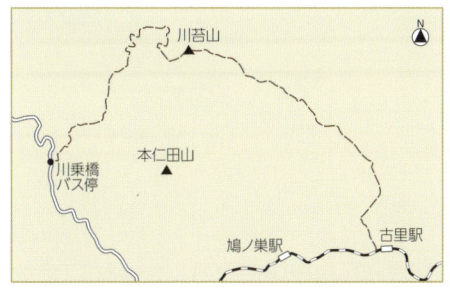

Point!
北と南が出会う場所

細長い日本列島では、北と南で気温が大きく異なるため、北に多く分布する北方系（冷温帯）の種と、南に多く分布する南方系（暖温帯）の種がある。北と南の中間に位置する奥多摩では、北方系と南方系の種が一部で混在している。いろいろなタイプのコケに出会える、コケ散策にぴったりの穴場なのだ。

青木ヶ原樹海
木の根とコケの異世界

①木の根を覆うコケ群落。②フジハイゴケ。大型のハイゴケで、やや黄色がかる。土上や倒木上など。③フジノマンネングサ。その姿から、富士を冠したコケでもっとも知名度が高い種。針葉樹林の林床に大きな群落をつくる。

🌱 **Point!**
コケは木のゆりかご

土壌が発達しないところでは、倒木の上に落ちた種子から木々が発芽する（倒木更新）。この際、倒木上のコケは、木の種子や実生を乾燥から防ぎ、育む「ゆりかご」になる。

倒木更新した木。木の根元の空間は、「かつてあった倒木」が腐ってしまったためにできたもの。

富士山麓に広がる樹海。最後に富士山が噴火してから1200年ほどしか経っておらず、土壌が発達していない。そのため、木の根が地上に露出し、縦横無尽にはっている。この根の上にコケが厚くむしている光景を目にすると、まるで別世界に迷い込んでしまったかのような気分になる。

富士の名をもつコケはいくつかあるが、樹海では、フジノマンネングサがよくみられる。やはり、富士山でぜひ見ておきたい。

「迷いやすい」イメージだが、散策道から外れなければ問題はない。駐車場からのアクセスも良い。東京から日帰り可。

穴地獄 硫黄泉のコケ群落

①

草津温泉付近にある硫黄泉。強酸性の水が湧き出ているため、多くの植物にとっては生育がむずかしい。しかし、こうした環境でこそ、元気よく生育できる植物が存在する。チャツボミゴケだ。穴地獄は「チャツボミゴケ公園」として、2017年には国の天然記念物に指定された。

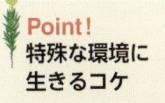

Point!
特殊な環境に生きるコケ

コケのなかには、強酸性や金属汚染された土壌など、特殊な環境に生える種が少なくない。競争力が弱いコケは、こうした過酷な環境に適応することで、生き延びてきたのだろう（p.78）。

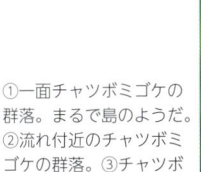

②

③

①一面チャツボミゴケの群落。まるで島のようだ。②流れ付近のチャツボミゴケの群落。③チャツボミゴケ。流水中に生える。

麓の駐車場から歩いて20分ほど。道もよく整備されている。なお、駐車場までのマイクロバスが利用できるのは4月から11月ごろまで（年により変動）。

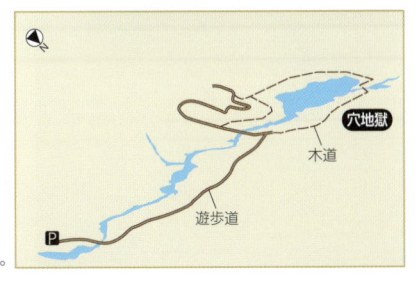

穴地獄
木道
遊歩道
P

八ヶ岳　静寂が支配するコケの森

①

①コケの森の中をどこまでも山道が続く。②倒木上のイチョウウロコゴケ。適度な湿り気がある倒木はコケの宝庫だ。③知名度抜群のヒカリゴケ。亜高山帯の岩隙に生える。

②

③

亜高山帯ではコケの森が見渡す限り広がっていることが多く、八ヶ岳はその代表格。あたり一面がコケに覆われた森にはどこまでも静寂が広がり、山域全体からは600種近くものコケが確認されている。おすすめは、比較的気軽にコケ散策ができる「美濃戸～赤岳」と「白駒池周回」の2コース。

Point!
標高でコケが違う？

真夏でも山頂は涼しいように、標高に沿って環境は大きく変わる。この変化に伴って、コケの種類や、コケが織りなす景観も変わる。山登りと一緒に、コケの変化も楽しもう。

④高山帯。クロゴケ（p.47）などが岩に点在。⑤標高としては山地帯に
あたる登山口周辺にも、コケのじゅうたんが広がっている。⑥クロゴケ。
クッション状の黒赤色の群落。岩上。⑦マルダイゴケ。その美しさからコ
ケの女王とも。しかしその実態は、動物の死骸や排泄物の上に生えるコケだ。
⑧ムクムクゴケ。毛が密生してムクムクしている。湿った土や岩上。

美濃戸〜赤岳　美濃戸の登山口から山頂までは徒歩で約4時間。本格
的な登山装備が必要。徒歩2時間ほどのところと山頂に山小屋があり
宿泊可能。

白駒池　最寄りの駐車場か
ら歩いて15分程度。池の
周辺は道もよく整備されて
いる。山小屋も多く、コケ
グッズも手に入る。

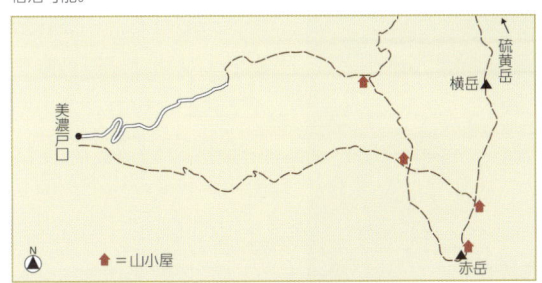

北・南アルプス 天空のコケの楽園 ❶

①②北アルプスの穂高連峰を背景にして、シモフリゴケが一面に広がる。シモフリゴケの名は、霜が降りたように白いことから (p.50)。

3000 m 級の山々が連なる日本の屋根、北・南アルプス。山麓だけでなく、雲の上にも美しいコケの世界が広がり、氷河期の生き残りのコケも生育している。冬の北西風のため積雪が多い北アルプスは「雪の北アルプス」、夏の南風によって多くの雨がもたらされる南アルプスは「雨の南アルプス」といわれている。北アルプスでは、雪解け後に窪地などに水が溜ま

③高層湿原が発達する北アルプス・唐松岳。④夏でも解けない万年雪。

⑤⑥南アルプスの奥聖岳山頂付近にて、強風に耐えるキツネゴケ。⑦南アルプスの亜高山帯。一面コケに覆われる。

りやすく、高層湿原が多い。一方、南アルプスでは、林内に大きなコケ群落が発達する。

ロープウェーなどを利用して日帰りで往復できる山もあるが、多くは1泊〜の本格的な登山が必要。登山計画をしっかり立て、無理せずに、自分の体力にあった山を選ぼう。

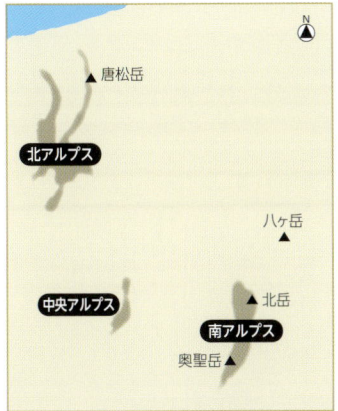

Point!
氷河期の生き残り

冷涼な高山には、ジンチョウゴケやナンジャモンジャゴケ (p.88) など、氷河期に広く分布していたコケが生き残っている。ただ、近年の環境変動でこれらの種の分布も狭まりつつあるようだ。

ジンチョウゴケ。高山帯の岩壁など。

ナンジャモンジャゴケ。高山の岩の隙間などに生育。

大台ヶ原　変わりゆくコケの森

①

①東大台ヶ原の正木ヶ原付近。1980 年頃までは、ここもコケの森だった。②東大台ヶ原の中道付近。コケの原生林の面影が残る。

②

奈良県と三重県の県境に位置する大台ヶ原。日本でもっとも雨の多い地域の 1 つで、年間降水量は 4500 mm を超える。この豊富な降水を背景に、樹幹などに着生する種の多様性が非常に高いことが特徴だ。しかし、大台ヶ原の一部（東大台ヶ原）では森林衰退が進み、コケも大きく減ってしまった。それでも一歩森の中に入れば、樹幹

東大台ヶ原

大台ヶ原ビジターセンター前にある駐車場から日出ヶ岳まで、徒歩で約 40 分。道はよく整備されているが、山岳なので油断は禁物。

西大台ヶ原

駐車場から西大台ヶ原を 1 周するには約 5 時間かかる。西大台ヶ原に立ち入るためには、事前に上北山村商工会（2019 年 3 月現在）に申請する必要あり。

③西大台ヶ原。東大台ヶ原とは違ってうっそうとした森が続き、樹幹や倒木上にコケが多い。④キヒシャクゴケ。大きな葉の上に小さな葉がある。倒木上。⑤ミヤマクサゴケ。まるで絨毯のよう。倒木上。

や倒木が厚いコケに覆われており、原生的なコケの森が楽しめる。隣り合う西大台ヶ原は、広葉樹を主体とする森。自然環境の保護のため、1日の立ち入り人数が制限されている。

> **Point!**
> **環境の変化に敏感なコケ**
> コケの森だった東大台ヶ原が、わずか数十年の間に枯れ木の森に変わってしまった姿は衝撃的。こうした環境の変化はコケに大きな影響を与える。

⑥大台ヶ原の原生林には霧がよく似合う。⑦ヒムロゴケ。くるりと巻き上がった姿が可愛い。樹幹上。

屋久島 山のコケの聖地

①

Point!
蘚苔林 (せんたいりん)

「蘚苔林」の名からわかるように、この森ではコケが主役。一面に生えたコケは雨や大気から水・栄養塩類を吸収し、森に蓄え、循環させている。コケなくしては成り立たない森なのだ。

　日本でもっとも有名なコケの聖地の1つ、屋久島。豊かな自然と降水に恵まれ、島の中心の山岳部には雲霧林(蘚苔林)とよばれる森が広がり、地面から岩、樹幹まで、見渡す限りコケに覆われている。映画『もののけ姫』の舞台にもなった屋久島のコケの森は神秘的だ。

③

①一面がコケに覆われた白谷雲水峡。どこもかしこもコケだらけ。②花之江河湿地。日本最南端の高層湿原だが、ヤクシカの増加などの影響で劣化が進む。③ヤクシカ。

②

④枝から垂れ下がるタカサゴサガリゴケ。⑤縄文杉とコケ。

⑥屋久島を代表する美しいコケ、その名もウツクシハネゴケ。⑦ヒメミズゴケモドキ。円筒形の不稔の花被が目立ち、面白い形。樹幹。⑧ヤクシマゴケ。宮之浦岳登山の途中にみられる。湿土・湿岩上。

コケで有名な白谷雲水峡へはバスやタクシーで行ける。ただし、山岳地域なので、登山装備は必須。ガイドツアーも多い。

番外編

高 尾 山　身近な山でコケ探し

①日影沢のコケ景観。②6号路の沢沿いにはキヨスミイトゴケが。③登山口の石垣。オオトラノオゴケ(p.32)やトヤマシノブゴケ(p.34)が多い。④トヤマシノブゴケ。小さなシダのよう。

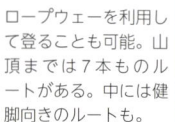

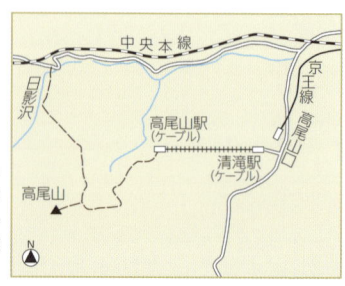

ロープウェーを利用して登ることも可能。山頂までは7本ものルートがある。中には健脚向きのルートも。

東京都心からそう遠くないところにも、小さなコケの森がある。高尾山だ。

登山道沿いの石垣、谷間の沢、木の幹……。よく見ると、小さいながらも美しいコケの風景が潜んでいる。いつもの目線を少し低くするだけで、コケの世界はぐんと広がる。

🌱 **Point !**
微小な環境の影響を受けるコケ

ほんの数メートルの差でさえ、コケにとっては大きく環境が異なり、違う種がみられることも。

〈参考〉コケの体のつくり

コケ植物はセン類・タイ類・ツノゴケ類を含むが、ここでは本書に登場するセン類・タイ類についてのみ紹介する。

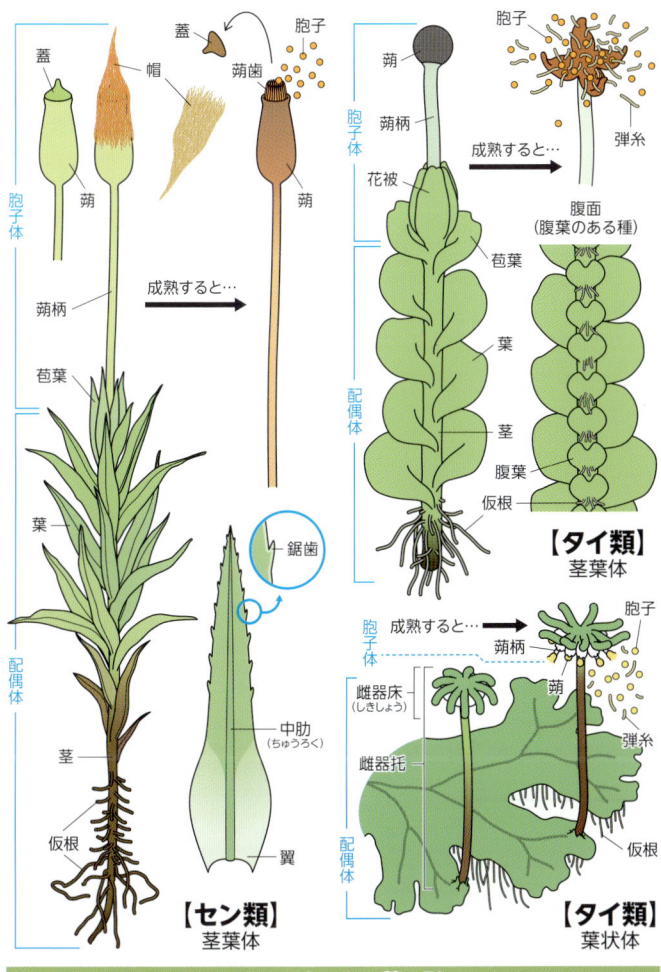

【セン類】茎葉体

【タイ類】茎葉体

【タイ類】葉状体

いろいろなコケの葉の形

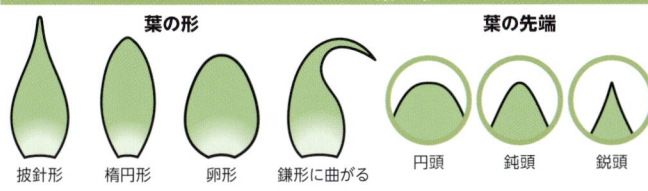

葉の形

披針形　楕円形　卵形　鎌形に曲がる

葉の先端

円頭　鈍頭　鋭頭

2　必見! 山のコケ図鑑

　山で見かける代表的なコケたちを紹介しよう。ここに勢ぞろいした山のコケたちを、p.26 からは 1 種ずつ、写真とともに取り上げる。紹介順は大まかに、低標高→高標高(同じ標高帯ではセン類→タイ類)、湿地帯の順になっている。コケの体の各部位や葉の形の呼称については、p.23 の図解を参考にしてほしい。

p.26~54 の凡例:
見つけやすさ ★☆☆~★★★の 3 段階。★が多いほど見つけやすい。 分布 分布域と標高帯。北=北海道、本=本州、四=四国、九=九州、琉=琉球列島、小=小笠原諸島。 環境 生えている環境(日当たりや生育基物など)。

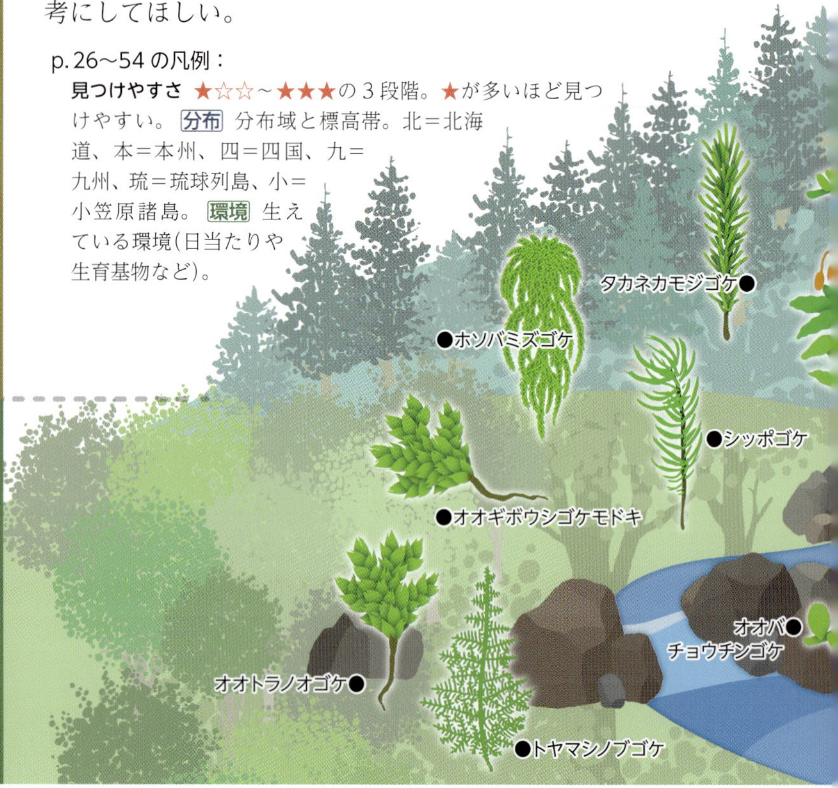

タカネカモジゴケ●

●ホソバミズゴケ

●シッポゴケ

●オオギボウシゴケモドキ

オオバチョウチンゴケ●

オオトラノオゴケ●

●トヤマシノブゴケ

高山帯

亜高山帯

低山・山地帯

クロゴケ
ツリミギボウシゴケ

シモフリゴケ

タカネスギゴケ
フォーリーサキジロゴケ

フトゴケ

ムラサキミズゴケ
イボミズゴケ
ウロコミズゴケ

ダチョウゴケ

テガタゴケ

高層湿原

ヨシナガムチゴケ

タチハイゴケ

ムツデ
チョウチンゴケ

イワダレゴケ

雲霧帯

セイタカスギゴケ

キリシマゴケ

ジャゴケ

ホウオウゴケ

タマゴケ

オオミズゴケ

フロウソウ

オオサナダゴケモドキ

エゾスナゴケ

ホウオウゴケ　*Fissidens nobilis*

セン類　ホウオウゴケ科
見つけやすさ　★★☆

分布　北・本・四・九・琉・小の低山・山地帯
環境　渓流沿いの湿土や湿岩

ホウオウゴケ類は葉が左右に規則正しく 2 列に並び、植物体全体を見ると「鳳凰の尾」のような形をしている。一枚一枚の葉も独特な形をしており、基部は 2 枚に分かれて、アヤメのように茎を抱く。本種の特徴は、葉の縁の細胞層が厚くてやや暗く、縁取りがあるように見えること。

①群落。②群落のアップ。③葉縁が厚く、暗く見える。④個体。

3 cm

memo　日本にホウオウゴケ類は 40 種以上、世界には約 900 種もある。小さな種が多い。

シッポゴケ　*Dicranum japonicum*

セン類　シッポゴケ科
見つけやすさ　★★☆

分布　北・本・四・九の山地～亜高山帯
環境　林内の腐植土

大型のシッポゴケ類で、10 cm に達する個体も。林床に大きな群落をつくることが多い。茎には多くの白い仮根をつける。葉は狭い披針形で葉先は細長く尖る。上半部の縁には鋭い鋸歯が発達。湿っているときの葉は一方向に鎌形に曲がっているが、乾くと、茎に直角に近い角度で広がる。

①群落。②群落のアップ。③茎。白い仮根が密生する。④個体。⑤葉の先端。細く伸びる。

5 cm

memo　実は、オオシッポゴケよりもシッポゴケの方が大きい。

低山山地帯
亜高山帯
高山帯
湿地帯

エゾスナゴケ *Racomitrium japonicum*

セン類　ギボウシゴケ科
見つけやすさ　★★★

分布　北・本・四・九の低山〜山地帯
環境　日当たりのよい土や岩

都市から高地まで広く分布し、もっとも普通にみられるスナゴケ類。砂地などの明るく水はけのよい土地を好んで生える。植物体は黄緑色で、葉先には目立つ透明尖がある。葉は湿っているときは反り返るが、乾くと茎に密着し、白みが強くなる。一般に「スナゴケ」の名でよばれているのは本種のこと。

①群落。②群落のアップ。③胞子体。帽は長い。④個体。⑤葉先。透明尖が目立つ。

1 cm

memo　乾燥に強いことから、屋上緑化の素材として使われることもある。

低山山地帯
亜高山帯
高山帯
湿地帯

オオバチョウチンゴケ

Plagiomnium vesicatum

セン類　チョウチンゴケ科
見つけやすさ　★★☆

分布　北・本・四・九・琉の低山〜山地帯
環境　渓流沿いの湿岩

チョウチンゴケ類には、葉が薄く透明感があり、湿った場所を好む種が多い。本種には短く立つ茎（直立茎）と長く這う茎（匍匐茎）があり、生殖器官は直立茎につく。葉は楕円形〜卵形で、葉先はほとんど円頭。葉縁にはごく小さな鋸歯があるが、不明瞭なことも。中肋は1本で葉先に届く。

①群落。②群落のアップ。③水中に生えることも。やや黒みがかって見える。④個体。⑤葉。楕円形で鋸歯は目立たない。

5 cm

memo　和名の「チョウチン」とは、蒴の形が(小田原)提灯に似ていることから。

低山山地帯　亜高山帯　高山帯　湿地帯

タマゴケ　*Bartramia pomiformis*

セン類　タマゴケ科
見つけやすさ　★★☆

分布　北・本・四・九の低山～山地帯
環境　明るい林内の腐植土、岩の隙間

漫画「ゲゲゲの鬼太郎」の目玉おやじのような蒴
が印象的なコケ。胞子体をつけるのは春。ただ、
(1) 葉は柔らかな緑色をしていること、(2) 茎は
褐色の仮根に覆われることから、胞子体がない季
節でも本種とわかる。葉は線のように狭い披針形
で、縁には鋭い鋸歯がある。中肋は 1 本で葉先
から短く飛び出る。

①群落。②群落のアップ。③葉。水をよく弾く。④個体。
⑤蒴。目玉のよう。

3 cm

memo　英名は蒴を青りんごに喩えて「Apple moss」。可愛らしいネーミングだ。

低山山地帯
亜高山帯
高山帯
湿地帯

フロウソウ *Climacium dendroides*

セン類　コウヤノマンネングサ科
見つけやすさ　★★☆

分布　北・本・四・九の低山〜亜高山帯
環境　渓流沿いの湿土

小さなヤシの木のような形が特徴。似た種にコウヤノマンネングサがあるが、フロウソウは枝がより太く、湾曲しないことで区別できる。枝葉は卵形〜丸みを帯びた披針形で葉先は鈍頭。中肋は1本で、葉先近くに達する。形が変わりやすく、常に水に浸っている場所では、横に這うことも。

①群落。②群落のアップ。③近縁種のコウヤノマンネングサ。④個体。地下茎でつながる。

3 cm

memo　和名は「不老草」の意だと思われるが、由来は不明。

低山山地帯
亜高山帯
高山帯
湿地帯

オオトラノオゴケ
Thamnobryum subseriatum

セン類　ヒラゴケ科
見つけやすさ　★★☆

分布　北・本・四・九の低山〜山地帯
環境　林内の腐植土や岩

大形で、地下部の茎（一次茎）は這い、地上部の茎（二次茎）は立ち上がってやや樹状になる。枝葉は卵形で、葉先には大きく鋭い鋸歯がある。中肋は1本で長く、葉先近くに達する。変異が大きく、扇のような形になるものから、基物を這うものまで、形はさまざま。

①群落。岩上に群生する。②群落のアップ。③一次茎でつながり群生する。④個体。⑤葉先。鋸歯が大きい。

3 cm

memo　「トラノオゴケ」は虎の尾を連想させる形をしているが、オオトラノオゴケは虎らしくない。

低山山地帯
亜高山帯
高山帯
湿地帯

オオギボウシゴケモドキ

Anomodon giraldii

セン類　キヌイトゴケ科
見つけやすさ　★★☆

分布　北・本・四・九の山地帯
環境　林内の岩や樹幹基部、倒木

落葉樹の幹や岩の上に生育する種で、樹幹基部では大きな群落をつくることが多い。一次茎は基物の上を這い、二次茎は立ち上がって密に枝を出し、やや樹状になる。枝葉は卵形で葉先は鋭頭、葉縁にはわずかに鋸歯がある。乾くと枝が湾曲し、枝葉はぴたりと茎に密着する。中肋は1本で、葉の先端まで達する。

①群落。②群落のアップ。③樹幹一面を覆う群落。④個体。⑤葉先。鋭頭。

1 cm

memo　セン類には「ギボウシゴケ科」もあるが、本種は「キヌイトゴケ科」。

低山山地帯
亜高山帯
高山帯
湿地帯

トヤマシノブゴケ　*Thuidium kanedae*

セン類　シノブゴケ科
見つけやすさ　★★★

分布　北・本・四・九・琉・小の低山〜山地帯
環境　林内の腐植土や岩、樹幹基部など

左右に規則正しく3回羽状に枝分かれし、その姿は小さなシダのよう。コケ庭にもよく生え、大きな苔地をつくることもしばしば。茎には多くの毛葉がある。植物体を支える茎につく葉（茎葉）は三角形に近く、先は針状に長く伸びることが特徴。中肋は1本で、葉先近くに達する。日当たりのよいところに生えている個体はやや黄色がかる。

①群落。②群落のアップ。③やや黄色がかった群落。
④個体。⑤茎葉。先端は細く針状。

3 cm

memo　「トヤマ」は富山県ではなく、コケの研究者である外山禮三（とやまれいぞう）博士にちなんだもの。

低山山地帯
亜高山帯
高山帯
湿地帯

オオサナダゴケモドキ

Plagiothecium euryphyllum

セン類　サナダゴケ科
見つけやすさ ★★★

分布　北・本・四・九・琉の低山～山地帯
環境　林内の腐植土、樹幹基部、倒木

山地の斜面や倒木上によく生えるが、コケ庭などにも多い。植物体は平たく、滑らかな群落をつくる。茎の先は細くなることも。葉は楕円形～卵形で扁平について先端は広く尖り、葉の基部の両側（翼部）は茎の上にまで伸びる。乾いてもほとんど形が変わらない。中肋は2本で、葉の中ほどより下で終わる。

①群落。②群落のアップ。③翼部が茎の上まで伸びる。④個体。⑤個体のアップ。平たい形。

1 cm

memo　真田紐（平たく幅狭く織った紐）のような平たい形をしていることが名前の由来。

低山山地帯
亜高山帯
高山帯
湿地帯

① 群落。

ジャゴケ *Conocephalum conicum*

タイ類　ジャゴケ科
見つけやすさ　★★★

分布　北・本・四・九・琉の低山〜山地帯
環境　林内の湿土や湿岩

湿り気のある場所に大群落をつくり、ドクダミのような香りをもつ。植物体の表面には蛇のウロコのような網目模様があり、この模様を蛇柄に喩えて「ジャ（蛇）ゴケ」の名がある。この網目の中央の点は気室孔といい、ここから空気の交換をしている。　春にきのこのようなメルヘンな傘型の雌器床（コケの雌花）をつける。

①群落。②群落のアップ。③雄器床。④雌器床。⑤個体。
⑥植物体表面。蛇のウロコのよう。

③ ④

②

3 cm

⑥ ⑤

memo　近年の研究では、ジャゴケは4つの種に分かれるとされる（オオジャゴケ、タカオジャゴケなど）。

低山地帯
亜高山帯
高山帯
湿地帯

ホソバミズゴケ
Sphagnum girgensohnii

セン類　ミズゴケ科
見つけやすさ　★★☆

分布　北・本・四・九の亜高山帯
環境　林内の腐植土や高層湿原

区別が難しいミズゴケ類の中でも、わかりやすい種。ほとんどのミズゴケ類が湿原を好むのに対し、ホソバミズゴケは水から離れた林内にも生育するためだ。単独で生えることもあるが、大きな群落をつくることが多い。長い下垂枝（地面に向かって長く垂れる枝）をもつため、全体的にモコモコしている。

①群落。②群落のアップ。③高山の群落。やや黄色がかることも。④個体。⑤茎。下垂枝が長い。

5 cm

memo　ミズゴケの蒴がはじけるときには、ポンっと小さな音を出すそうだ。

低山山地帯
亜高山帯
高山帯
湿地帯

セイタカスギゴケ

Pogonatum japonicum

セン類　スギゴケ科
見つけやすさ ★★★

分布　北・本・四・九の山地帯上部〜亜高山帯
環境　林内の腐植土

日本産で最も背が高いコケの一種で、20 cm 近くになるものもある。登山道沿いで濃緑色の大群落をつくるので、目にする機会が多い。葉は披針形。葉縁の上部には鋭い鋸歯がある。葉は乾くと丸まって縮む。中肋は 1 本で目立ち、葉の先端まで達する。帽は毛に覆われる。

①群落。②群落のアップ。③個体。乾くと丸まって縮む。
④個体。⑤葉先。細く伸びる。

5 cm

memo　世界で最も背の高いコケ (*Dawsonia superba*) はスギゴケ科に属し、60 cm 以上にもなる。

低山山地帯
亜高山帯
高山帯
湿地帯

タカネカモジゴケ

Dicranum viride var. *hakkodense*

セン類　シッポゴケ科
見つけやすさ　★★☆

分布　北・本・四・九の山地～亜高山帯
環境　樹幹や林内の倒木、岩

暗緑色をしており、樹皮が白い木々（シラビソ類など）に生えた個体はよく目立つ。葉は硬くてもろく、基部からポキポキと折れる。折れる前の葉は狭い披針形。中肋は1本で葉先から長く飛び出し、折れた後の葉と見た目が大きく異なる。葉がほとんど折れてなくなった姿にはどこか哀愁が漂う。

①群落。②群落のアップ。③濃緑色の新鮮な群落。④個体。
⑤枝先。折れやすい。

1 cm

memo　葉が折れるのは弱っているわけではなく、無性生殖のため。

低山帯
亜高山帯
高山帯
湿地帯

ムツデチョウチンゴケ

Pseudobryum speciosum

セン類　チョウチンゴケ科
見つけやすさ　★★☆

分布　北・本・四の亜高山帯
環境　林内の腐植土

透き通った葉が美しいコケ。茎は立ち、大きなものでは 5 cm 以上になる。葉は楕円形で横ジワがあり、全周にわたって鋸歯が鋭い。中肋は 1 本で長く、葉先に達する。1 つの茎から複数、多いもので 6 つほどの胞子体を出す。この姿から「六手 (ムツデ)」の名がついた。

①群落。②群落のアップ。③ 1 つの茎から複数の胞子体を出す。④個体。⑤葉。横ジワがある。

5 cm

memo　別名はカシワバチョウチンゴケ。こちらは、葉が柏の葉に似ていることに由来する。

低山帯

亜高山帯

高山帯

湿地帯

ダチョウゴケ *Ptilium crista-castrensis*

セン類　ハイゴケ科
見つけやすさ　★★☆

分布　北・本・四の亜高山〜高山帯下部
環境　林内の腐植土

高地に生える。茎は斜め上に伸びて密に羽状に分枝し、全体が三角形になる。サイズも大きく、群生する姿は大変美しい。葉は丸みを帯びた披針形で、先は著しく鎌形に曲がる。葉の表面には深い縦ジワが発達し、縁には小さな鋸歯がある。中肋は2本で短く、ほとんど見えない。

①群落。②群落のアップ。三角形の姿がりりしい。③個体。④葉。強くカールする。

3 cm

memo　見た目がダチョウの羽根に似ていることに由来。コケには鳥に喩えられているものが多い。

イワダレゴケ　*Hylocomium splendens*

セン類　イワダレゴケ科
見つけやすさ　★★★

分布　北・本・四・九の亜高山帯
環境　林内の腐植土や岩、倒木

亜高山帯の森を代表する種の1つ。あたり一面を覆うほどの大きな群落をつくる。1年に1段ずつ伸びる階段状の茎がポイント。例えば③の写真では、葉の部分もあわせて4年分(4段)の生長が現れている。茎葉は卵形で急に尖り、葉先は曲がる。葉の中肋は2本で短い。

①群落。②群落のアップ。③個体。約4年分の生長が見てとれる。④個体。⑤茎葉の葉先は急に尖る。

5 cm

memo　ここまではっきり階段状に伸びることがわかるコケは少ないので、野外で識別しやすい。

低山山帯　亜高山帯　高山帯　湿地帯

タチハイゴケ *Pleurozium schreberi*

セン類　イワダレゴケ科
見つけやすさ　★★★

分布　北・本・四・九の亜高山帯
環境　林内の腐植土や岩、倒木

イワダレゴケとともに、亜高山帯の林内に大きな群落をつくる。これらのコケを見ると、「亜高山帯にきた！」という気分になる。茎は赤みを帯び、やや羽状に分枝して、枝先はやや尖る。葉は密に重なり、卵形。先は広い円頭〜鈍頭、ときに縁が内曲し、小さな凸状になる。乾いてもあまり形は変わらない。中肋は 2 本で短い。

①群落。②群落のアップ。③腐植土や倒木の上に厚い群落をつくる。④個体。⑤葉先は広く尖る。

5 cm

memo　イワダレゴケやタチハイゴケには藍藻(らんそう)類が共生し、大気中からも窒素を取り込んでいる。

低山山帯
亜高山帯
高山帯
湿地帯

キリシマゴケ　*Herbertus aduncus*

タイ類　キリシマゴケ科
見つけやすさ　★☆☆

分布　北・本・四・九・琉の山地〜亜高山帯
環境　林内の岩や樹幹、倒木

植物体は光沢のあるやや黄色がかった緑色。他のタイ類と形が異なり、茎は斜上して規則正しく左右に枝を出し、美しい姿になる。屋久島などの雲霧林に生える個体は大きくて見応えがあるが、本州の亜高山帯ではやや小型で、別種に見えてしまうかも。葉は横につき、Ｖサインのように深く2裂する。裂片は披針形で鋭頭。

①群落。②群落のアップ。③個体。冷涼な地域ではあまり分枝しない。④個体。⑤葉。深く2裂する。

5 cm

memo　大形の個体はセン類のように見える。とくに、スナゴケ類と混同しやすい。

低山山地帯
亜高山帯
高　山　帯
湿　地　帯

ヨシナガムチゴケ

Bazzania yoshinagana

タイ類　ムチゴケ科
見つけやすさ　★★☆

| 分布 | 北・本・四・九・琉の山地〜亜高山帯 |
| 環境 | 林内の腐植土や岩、樹幹基部 |

亜高山帯の樹幹の基部や倒木上で大きな群落をつくる。ムチゴケ類は腹葉の付け根から糸（鞭糸）を出し、この糸がムチに見立てられてその名がある。ムチゴケ類はどれも似ているが、腹葉の形が種の識別の決め手。本種の特徴は、腹葉の色が葉と同じで、縁が基部から著しく反り返っていること。

①群落。②群落のアップ。③腹葉。基部から反り返る。
④個体。⑤腹面。ムチ（鞭糸）がある。

3 cm

テガタゴケ　*Ptilidium pulcherrimum*

タイ類　テガタゴケ科
見つけやすさ　★★☆

|分布| 北・本・四・九の亜高山帯
|環境| 樹幹や林内の倒木

タイ類には葉が深く裂ける種が多くあるが、テガタゴケ類はとくに複雑な形をしている。本種の葉は、不均等に深く 3〜4 つに裂け、さらにそれぞれの裂片には 5〜10 本の長い毛があり、トゲトゲとした雰囲気。高地の樹幹に生えるコケは種類が限られているので見つけやすいだろう。

①群落。②群落のアップ。③蒴（未成熟）。タイ類なので黒く丸い。④個体。⑤葉。深裂し、長い毛がある。

2 cm

memo　日本にはテガタゴケ類が 3 種分布しているが、テガタゴケと比べ、他の 2 種は生育量が少ない。

低山地帯
亜高山帯
高山帯
湿地帯

クロゴケ *Andreaea rupestris var. fauriei*

セン類　クロゴケ科
見つけやすさ　★★☆

分布　北・本・四・九の亜高山～高山帯
環境　日当たりのよい岩

やや赤みがかった黒色をしており、クッション状の群落をつくる。葉は密に重なって、乾燥すると茎にぴたりとつく。葉先は丸みを帯び、中肋はない。クロゴケ科のコケの蒴は原始的な特徴を残しており、行燈のような形。蒴には蒴歯がなく、縦に入ったスリットの間から胞子を散布する。

①群落。②群落のアップ。③葉。湿ると開く。④個体。
⑤蒴。縦にスリットが入る。

1 cm

memo　湿っているときはやや赤みが強くなり、上品な色合いになる。

低山山帯
亜高山帯
高山帯
湿地帯

タカネスギゴケ
Pogonatum sphaerothecium

セン類　スギゴケ科
見つけやすさ　★★☆

分布　北・本の高山帯　　環境　日当たりのよい岩

小型のスギゴケ類。ただし、他のスギゴケ類と異なり、葉のつき方は高山植物に似る。帽には毛が密生し、まるで毛糸の帽子をかぶっているよう。この帽が丸い形の蒴に似合っていて可愛らしい。葉の上部の縁は表面を巻き込み、筒のような形になる。これは厳しい高地環境への適応の1つだ(p.71)。

①群落。②群落のアップ。③帽。フェルト状の毛が密生している。④個体。⑤葉。上部は筒状。

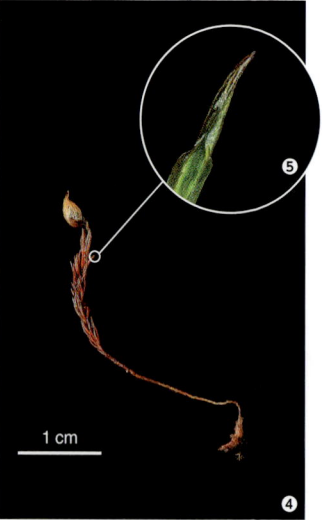

1 cm

memo　高山植物のような形をしているのも、この形が高山の環境に適しているためなのだろう。

ツリミギボウシゴケ

Grimmia fuscolutea

セン類　ギボウシゴケ科
見つけやすさ　★☆☆

分布 本(中部)の高山帯　　環境 日当たりのよい岩

高山帯には暗緑〜黒緑色のギボウシゴケ類のコケが
よくみられるが、胞子体がなければ野外で種を区別
するのは難しい。このツリミギボウシゴケは主に本
州中部の高山帯に分布し、蒴柄は美しい弧を描いて
湾曲する。体のサイズに比してやや大きな蒴がしな
る姿には、どこか愛嬌がある。葉には短い透明尖が
ある。

①群落。②群落のアップ。③個体。④葉先。透明尖がある。

2 mm

memo 擬宝珠(ギボシ)とは、橋の柱の上にある栗のような形をした飾りのこと。蒴の形が似ている。

シモフリゴケ　*Racomitrium lanuginosum*

セン類　ギボウシゴケ科
見つけやすさ　★★★

分布　北・本・四・九の高山帯
環境　日当たりのよい土や岩

大型のスナゴケ類で、高山の地上一面を覆うことも
しばしば。体色は暗緑色〜黒緑色だが、やや黄色が
かることも。葉先は細く尖り、乾くとふつう鎌形に
曲がる。葉の先にある白いトゲ（透明尖）が長いため、
まるで霜が降りたよう。透明尖は体の水分を維持し
たり、紫外線を反射したりするのに役立つ(p.72)。

①群落。②群落のアップ。③左：湿った状態、右：乾いた
状態(白みが強い)。④個体。⑤葉先。長い透明尖が発達。

5 cm

memo　和名の由来は、霜が降りたように白みがかって見えることから。

フトゴケ *Rhytidium rugosum*

セン類　イワダレゴケ科
見つけやすさ　★★☆

分布　北・本・四の高山帯
環境　草地の腐植土や岩

明るい黄緑色をした大形のコケで、しばしばお花畑で他の高山植物と混生する。葉が密につき、全体的にがっちりとした印象。茎は斜め上にのび、不規則な羽状に枝を出す。葉は丸みを帯びた披針形で多くの縦ジワがあり、乾くと鎌形に曲がる。中肋は1本で、葉の長さの1/2に達する。

①群落。②群落のアップ。③葉。多くの縦ジワが発達。④個体。⑤葉先。細く尖る。

5 cm

memo　フトゴケの「フト」は、毛糸のような茎の太さからか。

①

フォーリーサキジロゴケ
Gymnomitrion faurianum

タイ類　ミゾゴケ科
見つけやすさ　★★☆

分布 北・本・四・九の高山帯　　環境 露岩や岩の隙間

小型のタイ類。一つひとつの個体は非常に小さいが、岩上に群落をつくるので見つけやすい。葉が横につき、斜めに開出して密に重なるため、植物体は細い紐状になる。この形と銀緑色の体色が相まって、群落の外観はまるで小さなサンゴ(ミドリイシ類など)のようだ。葉は卵形で葉先は浅く2裂し、裂片は鈍頭〜鋭頭。葉先は白く縁どられる。

①群落。②群落のアップ。③個体。④葉。白く縁どられ、先は2裂。

③

5 mm

②

茎を軸として
90°回転

④

memo　高山のコケは体の一部が白くなる種が多いが、これは強光に対する適応の1つ。

低山帯
亜高山帯
高山帯
湿地帯

オオミズゴケ　*Sphagnum palustre*

セン類　ミズゴケ科
見つけやすさ　★★☆

分布　北・本・四・九の低山〜山地帯
環境　林内の湿土や湿原

もっとも普通にみられるミズゴケ類。暖温帯の低
山〜山地帯でみかける大型のミズゴケ類は、ほぼ
オオミズゴケと考えていいだろう。色は白緑色で
あることが多いが、環境によっては淡紅色を帯び
ることも。大量の水を吸収することが知られてお
り、戦時中は脱脂綿の代わりとして使われていた
そうだ。

①群落。②群落のアップ。③淡紅色を帯びた群落。④個
体。⑤枝葉。ボート状に深く凹む。

5 cm

memo　園芸用に市販されているミズゴケ類はほとんどが海外産のもの（ニュージーランドなど）。

低山帯
亜高山帯
高山帯
湿地帯

① **ムラサキミズゴケ**（*Sphagnum magellanicum*）　大形で、その名の通り、美しい紫色。高層湿原に群落をつくる。主に中部地方以北に分布。

ミズゴケ類

セン類　ミズゴケ科
見つけやすさ　★★☆

高層湿原（ミズゴケ湿原）はそのほとんどが自然公園内にあり、湿原内のミズゴケを手に取ってみるどころか、立ち入ることも禁止されている。そこで、高層湿原でよくみられ、遠目からでも区別しやすい3種を紹介する。

② **イボミズゴケ**（*S. papillosum*）　薄い茶色。高層湿原に大きな群落をつくる。北海道〜九州に分布。

③ **ウロコミズゴケ**（*S. squarrosum*）　オオミズゴケに似るが、葉は強く反り返る（④）。高層湿原だけでなく、林内の湿土にも生育。北海道〜四国に分布。

memo 日本には40種程度のミズゴケ類が分布しているが、その多くが高層湿原に分布する。

第 II 部
解 説 篇

1　人生いろいろ苔もいろいろ
——標高帯別・山のコケの生き方

　第Ⅰ部では、山のコケが織りなす美しい景色や、そこでキラキラと輝くコケを見てきた。ここからはさらに一歩、コケの世界に足を踏み入れて、その魅力を存分に味わってみよう。

　注目するのは、コケの生き方だ。小さなコケにひそむストーリーを知ることで、その姿が、これまでとはちょっと違って見えるようになるだろう。

　まず、山のコケは、標高とともに大きく変化する。

　これは、単にコケの種類が標高によって変わるというだけではない。コケの生き残り戦略そのものが、標高によって大きく異なるのだ。その結果、山の麓から頂きにかけ、それぞれの標高帯ごとに、小さなコケのドラマが百花繚乱のごとく展開されることになる。

　真夏でも高山に行くと涼しく感じるように、標高が高くなると気温が下がる。一般的に、標高が100m高くなると、気温は0.6℃程度下がるという関係がある。この関係を利用すると、日本アルプスのような標高が3000m近い山に登ると、標高が0mの海岸付近と比べて約18℃(＝3000÷100m×0.6℃)も気温が下がることがわかる。沖縄(那覇)と北海道(札幌)との平均気温の差が約14℃なので、高山に登

ると、実に沖縄から北海道まで移動したよりもさらに大きな気温の差を体感したことになるのだ。ちなみに、同じだけの距離を移動した場合、垂直方向の移動における気温変化は、水平方向の移動のそれの約1000倍とされる。

さらに、気温に加えて湿度や降水量、積雪量、霧の頻度、風の強さ、日射量といった環境条件も、標高によって大きく異なる。小さなコケにとってみたら、標高が1000ｍ違う世界は全くの別世界といっていい。山麓と山頂との間に、多様なコケの世界が凝縮されている所以である。以下では、それぞれの標高帯ごと(低山・山地・亜高山・高山)に、コケの世界を見ていこう。

低 山 帯──うっそうとした森

まずは、温暖な地域の標高が低いところから。この地域では、厚くテカテカした葉をもつ木々(照葉樹)が1年中生い茂る、うっそうとした森が発達する。このような森を「照葉樹林」とよび、この森が発達するところを「低山帯」という。ツバキやクスノキ、シイなどが、照葉樹を代表する樹木だ。

照葉樹は1年を通して葉をつけているため、森の中はうす暗く、ほとんど草が生えていない。これはコケにとってみても、少々居心地が悪いかもしれない。というのも、コケも植物なので、生きていくためには、光を利用してエネルギーを作り出す「光合成」をする必要があるからだ。薄暗い場所では、光合成の効率が悪く、生きていくのに必要なエネルギーを賄えないことさえある。

コケの生き方❶ 形から入る

　暗い森の中で生きぬくためにどうすればいいのか。長い進化の歴史の中で、さまざまなコケがこの大きな試練に挑み、そして散っていったことだろう。

　しかしその中で、この試練を乗り越え、暗い照葉樹林で静かに深緑色の輝きを放っているコケがある。キダチヒラゴケ（図1左下）もその1つだ。

　このコケを改めてよく見ると、ちょっと変わった形をしていることに気づく。スギゴケのような形ではなく、薄く横に広がった、まるで「扇子」のような形をしているのだ。こうした形をしているのは、平面状に広がることで光を受け取る面積を増やし、暗い林床でも効率よく光合成を行うためだ。

　この例のように、コケはその形で、日射や湿度の影響を軽減したり、あるいは効率よく利用したりしている。図1に示すように、コケの形にはさまざまなバリエーションがあり、いずれも、環境に巧みに適応するための戦略といえる。すなわち、環境にあった形をとることで、コケは多様な環境に進出することができるようになったと考えられる。

　コケの形は、人にとっての服のようなものといえるかもしれない。例えば私たちは、寒いところではジャケットやマフラーを、雨の日にはレインコートを着るなどして、寒さや雨から身体を守る。コケは服を着られないが、代わりにさまざまな形をとることで、厳しい環境から体を守ったり、その影響を軽減したりしているのだ。

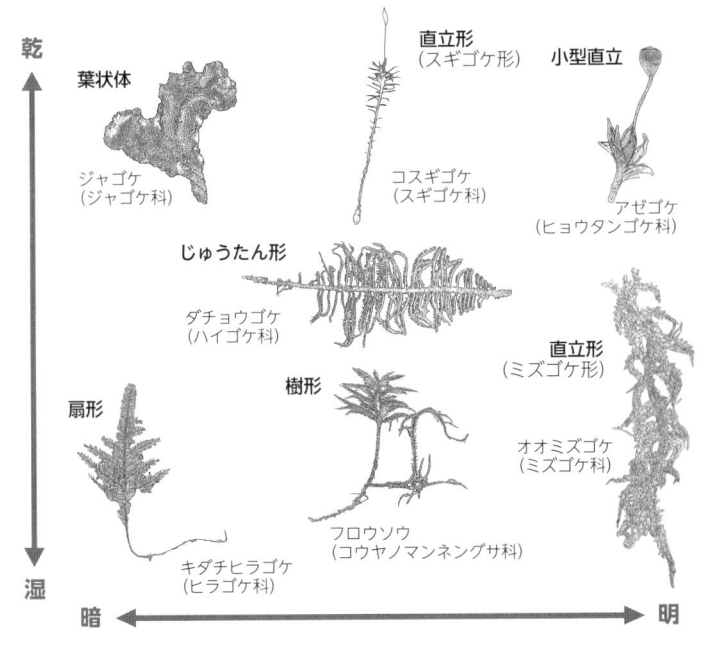

図1　コケの生育形。コケは形を変えることで、さまざまな光・水環境に適応している。Bates, J. W. (1998) *Oikos* 82, 223-237 を参考に作図

　なお、コケには、環境に応じて形を大きく変えられる種もあれば、環境が変わっても、ほとんど形を変えない種もある。前者は「その場にあわせて衣服を変えるお洒落なコケ」といったところだろうか。

コケの生き方❷　チャンス到来！

　ところで、照葉樹林では、ところどころにコケはあっても、一面コケで覆われたような風景にはなかなか出会えない。コ

ケの聖地といわれる屋久島でさえ、低地に広がっている照葉樹林では、一面コケに覆われた光景をほとんど見かけることはない。

実は、照葉樹林では光に加えて、コケにとってもう１つ大きな壁があったのだ。「気温」である。

年間を通して温暖な照葉樹林では、気温がコケにとって大きなストレスになる。気温が上がるとコケの体内から水が失われやすくなり、光合成ができる時間が制限されるようになる。そしてある一定の温度を超えると、光合成によってつくられるエネルギーよりも、消費されるエネルギーの方が多くなってしまう。

こうした状況では、遅かれ早かれ、コケは消えゆく運命にある。生活費が一定でも、給料が減っていけば、生活が立ち行かなくなるのと同じである。うっそうとした照葉樹林では、気温の上昇がコケに与えるストレスはいっそう厳しい。

ただ、会社員にボーナスがあるように、照葉樹林のコケも、たまには光のボーナスをもらうことがある。コケの場合、ボーナスをくれるのは社長ではなく、木が倒れるなどしてできた森の隙間である。こうした隙間を「ギャップ」という。

周りの木々が生長してギャップが埋められるまで、林床のコケは、ギャップから差し込む光を受け取ることができる。ぎりぎりのエネルギーで生活を強いられていたコケも、ちょっとした贅沢が許されるのだ。この機を逃すまいと、ボーナスをせっせと自らの生長や繁殖などにまわす。束の間のひととき、照葉樹林の林床がコケで賑やかになる。

山 地 帯——降り積もる落ち葉

「山地帯」とは、低山帯よりも標高が高くやや寒い地域の
ことで、落葉樹林が発達する。「落葉樹」とはその名の通り、
秋に落葉する樹木を指し、ブナやカエデ類がその代表例だ。

落葉樹林の木々は、晩秋に一斉に落葉する。そのため、晩
秋から春先にかけては森の中も明るく、コケも容易に光を得
られそうだし、ここはきっとコケの楽園に違いない……と思
いきや、実際はそういうわけでもない。この「落葉」が新た
な問題になるのだ。

小さなコケは落ち葉に覆われやすい。樹木なら、夏の間に
ぐんぐん生長して、落葉に埋もれない大きさになることもで
きるだろうが、小さなコケには難しい。降り続く落ち葉を前
にして、コケはあまりにも無力なのである。

コケの生き方❸　かろうじてかわす

そこでコケは、落ち葉に埋もれる運命を抗うことなく受け
入れる。とはいえ、簡単には匙を投げない。コケは時には落
ち葉に埋もれつつも、隙を見ては落ち葉の影響が小さい場所
に定着する。真っ向から落葉と対決することを避け、「かろ
うじてかわす」戦略である。

落葉樹林の森でも、林床すべてに均一に落ち葉が降り積も
っているわけではない。垂直な木の幹や、倒木や岩の上など
小高くなっているところ、さらには、登山道わきにできた小
さな崖の側面などは、落ち葉で埋もれにくい。こうした場所

を利用しない手はない。落葉樹林の森を見渡してみると、コケの緑色があるのは、いずれもこうした場所であることに気がつくだろう(p.8)。

　「落ち葉が積もりづらいところに生える」というのは一見、シンプルな解決策のように見える。が、実はこれも、コケだからこそできる高度な環境適応なのだ。

　というのも、木の幹や岩の上には、土壌がほとんどない。そのため、一般の植物は根を張って水などを吸収できず、生えることができない。しかし、コケは体の表面から雨などに含まれる水や栄養分を直接吸収するため、土がない場所にも生育できるのだ。この類稀なる能力を活かし、コケは降り続く落ち葉の雨をやり過ごし、自分の居場所を確保するのである。

　「かろうじてかわす」コケの中でも、一流のスキルを持つ

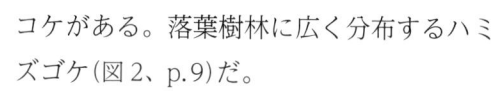

コケがある。落葉樹林に広く分布するハミズゴケ(図2、p.9)だ。

　ハミズゴケを漢字でかくと「葉見不苔」＝葉を見ないコケ。その名の通り、葉がほとんどないコケで、土から胞子体だけが伸びているような姿をしている。ハミズゴケのこの奇妙な形は、自らの戦術を究極まで磨き上げた証といってもいい。

　森の中にできた小さな裸地に、ハミズゴケは侵入する。しかしこうした裸地は、遅かれ早かれ、落ち葉に埋もれたり、崩れて

図2　ハミズゴケ
(スギゴケ科)

しまったりして消失してしまう。そこでこのコケは、持てるほぼすべてのエネルギーを次の世代へと注ぐ——つまり、短期間で胞子体を生長させて胞子をばらまく。次世代に未来を託した後は、もはやこの世に心残りはないと言わんばかりに、裸地の消失とともに自らは消えていくのだ。

なお、葉がほとんどなくても光合成ができるというのは、ちょっと不思議に思えるかもしれない。ハミズゴケの胞子体の下をよく見てみよう。すると、緑色の糸のようなものが広がっている。これを「原糸体」という。ハミズゴケは、コストの高い茎や葉をわざわざつくることなく、この原糸体で光合成をして、エネルギーを得ているのである。

亜高山帯——広がるコケのじゅうたん

次に紹介する「亜高山帯」は、山地帯よりもさらに標高が高く、気候が厳しい。そのため、山小屋などの関係者を除いては、ほとんど人が住んでいない。本州では、おおよそ標高1500 m 以上の地域が該当する。ここでは、シラビソ・コメツガなどの針葉樹からなる深い森が発達している。

人にとっては厳しい亜高山帯も、コケにはとても生活しやすい環境で、亜高山帯の針葉樹林は一面びっしりコケに覆われているところが少なくない。これは、(1) 気温が低く、また霧などがよく発生して乾燥しにくいため、コケに適したしっとりした環境が形成されていること、(2) 広葉樹の葉と異なり、針葉樹の葉は細いため、地上のコケが落葉に覆われにくいこと、(3) 人の影響が少なく、安定した環境が維持され

ていること、などが関係している。

コケの生き方❹　どっしりと家を構える

　もし、今の環境に満足していて、この環境がこれからもずっと続くとしたら、みなさんは何をするだろうか。私だったら、コケ研究者が本気を見せたコケ庭をつくりたい。同じように、マイホームをもち、庭をつくったりして、今の生活環境を整えていきたい、という人もいるだろう。一方、近い将来、環境が悪化しそうな場所だったら、より良い環境へ引っ越したくなるのが人情である。

　これはコケも同じで、末永く安定して生存できる環境であれば、ずっとそこにとどまっているし、不利になりそうな環境であれば、移動していく。ただし、コケはヒトや動物のように自由に動けるわけではない。そこで、先に紹介したハミズゴケのように、引っ越したいときには胞子体をつくり、子孫を別の場所に移動させるのだ。

　さて、多くのコケにとって、快適な亜高山帯はずっと住み続けたい環境といえる。そこでコケは、マイホームづくりに精を出す。つまり、「今の場所で定住し続けるための生長」

図3　イワダレゴケ（イワダレゴケ科）は、亜高山帯で大きな群落をつくるコケの一種だ

に優先的にエネルギーを投資し、大きな群落をつくることになる。亜高山帯のコケには体が大きく、目立つものが多いのは、この生存戦略とも関連している。

亜高山帯のコケの機能

　亜高山帯の林床は一面コケに覆われており、それはもう実に見事の一言につきる。一つひとつは小さく、コケにされがちなコケでも、集まって大きな群落になると、無視できない存在となり、コケは亜高山帯の森を支える大きな要素にさえなっている。ここでは、亜高山帯における3つの重要な働きを紹介しよう。

1)　森に潤いを与える

　雨上がりのコケをさわると、みずみずしく、たくさんの水を含んでいることがわかる。決して飲みたくはないが、ギュッとしぼったら、新鮮なコケジュースができそうだ。1株のコケでさえこんなにみずみずしいのだから、一面コケが生えている場所が蓄える水の量は、推して知るべしだ。

　たとえば、八ヶ岳の亜高山帯では、なんと1回の降水で、$1 m^2$ あたり約 2.5 L の水がコケに蓄えられることがわかっている。

　本来ならば土中深くに染み込んでしまう水が、コケによって地上部に一時的に蓄えられる。その水がゆっくりと蒸発し、森に潤いを与える。森に行って「しっとりしていて心地いい」と感じるとき、もしかすると、この「しっとり」のもと

は、コケから出ているのかもしれない。

2)　森の循環を助ける

　コケが蓄積するのは水だけではない。コケの体をつくっている炭素や窒素、ミネラルなども、コケが枯れた後には森の一部になる。特にコケは一部の栄養塩類を吸収しやすく、森の循環に大きな影響を与えている。

　例えば、生物の生存に欠かすことができないリンを見てみよう。リンは植物の生長にとって特に重要で、リン酸は肥料の三大栄養素の１つとして知られている。カナダの針葉樹林で行われた研究から、森林におけるコケの乾燥重量はわずか5%ほどなのに、この森林のリンの吸収の約40%をコケが担っていたことがわかった。さらに、このリンは菌類を通じて樹木に受け渡されていることから、コケは樹木の生長に、さらには森林の維持にも間接的に寄与しているといえる。小さなコケがめぐりめぐって、森の維持に重要な役割を果たしているのだ。

3)　森を育てる

　コケは、それぞれが単独ではなく、さまざまな生物とお互いに影響を及ぼしあって生きている。こうした相互作用の中で、亜高山帯でよくみられるのが倒木更新(図4)だ。これは、倒木上のコケのマットから稚樹(若く小さい木)が生える現象で、特に針葉樹に多くみられる。みずみずしいコケから稚樹が生える光景は絵になるためか、倒木更新の写真は広告など

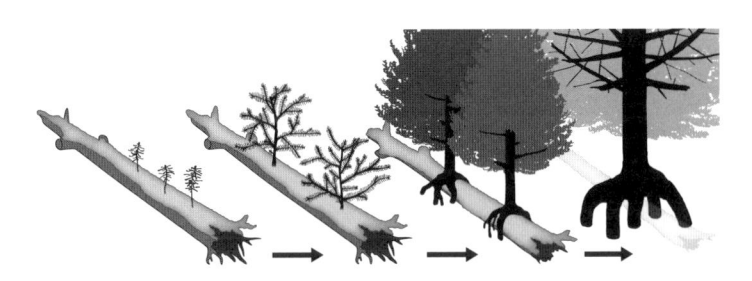

図4 倒木更新。倒木上のコケから実生(みしょう)が生長し、倒木が朽ちた後は根本に空間ができる

のモチーフにもよく使われている。

　大きな樹木も、最初は小さな種子(タネ)から始まる。しかし、地上に落ちた種子のすべてが芽を出し、成木まで生長できるわけではない。例えば、発芽してある程度の大きさに育つまでは根も浅く、少しの乾燥でも枯れてしまう。また、芽吹いたとしても、大きな草木の陰に隠れたままでは、光不足で生長できない。さらに、病害のため発芽すらできずに枯死(こし)する個体も少なくない。特に、一部の針葉樹(トウヒなど)の種子は土の中の細菌に感染しやすく、これが稚樹の生存を左右する大きな要因になっている。

　しかし、倒木上のコケのマットから発芽すれば、これらの危険因子がすべて取り除かれる。適度な湿り気があるコケのマットは、稚樹を乾燥から守る。さらに、倒木の上は地面よりも少し高くなっているため、他の植物に覆われる危険性も低い。加えて、コケのマットの中にいれば、土の中の細菌の影響を受けることもない。

　運よく倒木上のコケの上に着地した木の種子は、コケのゆ

りかごに守られてすくすくと育つ。10 年、20 年が経ち、ゆりかごだった倒木やコケがなくなる頃には見違えるような立派な樹木になっていることだろう。でも、ゆりかごで育った面影はちゃんと残っている。よく見ると、倒木更新で生えた樹木の根は、地面から浮いたようになっているのだ(p.12)。これは、まだ木々が小さかった頃にはあった倒木が、年数を経て朽ちてしまったため、倒木のスペースが空洞になってしまったことによる。また、同じ倒木から複数の稚樹が生長した場合には、木が倒木の形にそって一列に生えていることもある。

　100 年、200 年がすぎると、コケのゆりかごで育った木が森をつくるようになる。そしてさらに時が流れていつしかこの木も倒れ、自らを育ててくれたコケのゆりかごの礎（いしずえ）となっていく。数十〜数百年にわたる森のサイクル。その始まりにはコケがあったのだ。

雲 霧 林──コケの理想郷

　山岳地帯の中でも、1 年中霧がかかるようなところに発達する森林は「雲霧林（うんむりん）」と呼ばれている。雲霧林の別名は「蘚苔林（せんたいりん）」。これは土の上から岩、木の幹まで、いたるところにコケ（＝蘚苔類）が生えていることに由来する。雲霧林の多くは、熱帯〜亜熱帯の標高が高いところに発達し、日本では屋久島の亜高山帯の一部などでみられる。

　雲霧林の豊富なコケ植物を育んでいるのが、霧である。体の表面から水や栄養分を吸収できるコケにとって、雨や霧は

重要な資源だ。中でも、霧の水滴には窒素などの栄養分が豊富に含まれており、コケの生長にとっても都合がいい。「コケは仙人のように霞を食べて生きる」といわれるのもこのためだ。年間を通して霧に包まれる雲霧林は、まさしく、コケの理想郷といってもいいだろう。

コケの生き方⑤　席取りゲームに勝つ

　雲霧林では、繁茂するコケの勢いを止めることはできない。一面コケだらけだ。地面はもとより、樹幹にも、岩にも、倒木の上にも、さらには小さな木の枝や葉っぱの上にまで、何かしらのコケが生えている。地面が一面コケに覆われているさまは他の植生帯でもみられるが、樹木の葉の上にまで重なり合うようにコケが生えているのは、雲霧林ならではの光景だ。

　気温も湿度も理想的なので、どこにでもコケが生えてしまう。だからこそ、コケが抱える葛藤もある。まるでテリトリーを奪い合う猛獣のごとく、狭い木の葉の上で、コケたちの小さな席取りゲームが繰り広げられる（図5）。

　ただ、この席取りゲームには、1つ、特別なルールがある。葉が芽吹いてから、その寿命が尽きて地上に落下するまでの時間内に、生長・繁殖し、次世代を残していかなければならない。ちなみに、常緑樹であってもずっと同じ葉をつけているわけではなく、少しずつ入れ替わっている。葉の寿命が1年未満の木も少なくない。大雨や大風、虫害などによって散ってしまうこともあるので、現実にはさらに短くなるだろう。

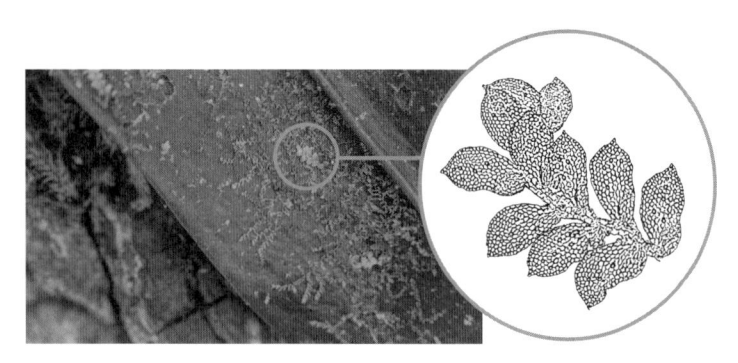

図5　カビゴケ（クサリゴケ科）。葉の上に生える代表的なコケ

　葉の上に生えたコケは、常に死と隣り合わせだ。迷っている時間はない。なすべきこと——つまり、生長してたくさんの子供を残すこと——を迅速に実行するのみだ。胞子から生長するにはあまりにも時間がかかる。そこである種は親の体内（胞子体）にいるうちから生長をはじめ、少しでもいいスタートを切る。またある種は、雌雄同株（雄と雌が1つの個体に共存する戦略）になって出会いを確実にし、とにかく繁殖しようとする。

　そうして競争に勝ち残ったコケは1枚の葉の上の覇者となり、やがては小さなコケの王国を築き上げる。しかし皮肉なことに、競争に勝ったこの覇者は、勝ち残ってしまったからこそ、ある日忽然と姿を消してしまう。ゲームオーバー……すなわち落葉によって、築き上げたコケの王国のすべてが土に還っていく時がきたのである。

　いつもは注目されることもない、木々の小さな1枚の葉。しかし、そんな葉の上にさえ、コケのドラマチックな物語が展開しているのだ。

高 山 帯──人も住めないきびしさ

　いよいよ、山の中でも標高のもっとも高いところ、「高山帯」にきた。亜高山帯よりもさらに標高が高く、環境が厳しいため、ハイマツなどの灌木（かんぼく）をのぞいては、樹木もほとんど生えていない雲の上の世界である。本州中部なら、おおよそ標高 2500 m より高いところだ。夏は涼しく快適だが、その分、冬は厳しい。凍えるほどに寒く、強風が吹きすさび、そして雪に覆い尽くされる、長く暗い冬。この過酷な環境で、いや、こうした環境だからこそ、コケの巧みな環境適応がキラリと光る。

コケの生き方❻　細部にひと工夫

　厳しい高山の環境では、小さな形態の違いでさえ、コケの生死にかかわる。短い夏の間に生長・繁殖を確実に行うためには、少しの無駄も許されない。そこで、高山のコケの形態や繁殖方法は、究極まで洗練されたものとなっている。

丸 まる

　まずは、葉をじっくり観察してみよう。図6は高山帯に生えるタカネスギゴケ（p.48）の葉のスケッチだ。高山帯でよく見かけるスギゴケ類の一種で、丸く大きな胞子体の上に毛糸の帽子をかぶっている姿がなんとも可愛らしい。このコケの葉の形には、高山環境への適応がちらりとうかがえる。

　このコケの葉をよく見ると、葉の縁が表面を巻き込んで筒

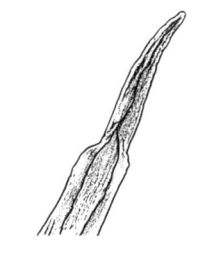

図6　タカネスギゴケ
（スギゴケ科）の葉の先端

状になり、葉の表面が葉の裏面で覆い隠されていることに気がつく。あたかもダンゴムシが丸くなって、硬い背中を敵に向け、大切な腹部を守るかのごとく、タカネスギゴケは、葉の裏面を外部環境にさらすことで、葉の表面の組織を大切に保護しているのだ。この構造は、高山帯の強い日差しや厳しい寒さから葉の表面を守るだけでなく、葉の内部に水分を少しでも長くとどめ、光合成の効率を高めるのにも都合がいい。こうした筒状の葉は、標高の高い地域に分布する他のスギゴケ類にもよくみられる。

と　が　る

　高山帯のコケはさらに、葉の先に白い糸のようなトゲをつけていることが多い。このトゲを「透明尖」という。シモフリゴケの透明尖は長く（図7、p.50）、遠くからでもよく目立つ。この透明尖により、あたかも葉の上に霜が降りたかのように見えることが、シモフリゴケの名の由来である。

　この透明尖、小さなコケの中のさらに小さな組織で、一見、たいした機能はないようにも見える。しかしその実、高山帯で絶大な力を発揮するようなのだ。

　この透明尖を切り取り、コケにどのような変化が現れるか観察した研究によれば、透明尖を切り取った個体では、何も処理していない個体と比べて、体内から失われる水が約

30％も多くなっていたという。これは、（1）白い透明尖が日光を効率よく反射してコケの体温が上昇するのを防ぐ、（2）コケが乾燥する際に、透明尖がコケの個体間にある小さな隙間を覆うことで、コケから水が蒸発する速度を遅らせる、（3）透明尖があることでコケ表面と大気との接触面が増え、より多くの朝露や霧を吸収できるようになる、などのメカニズムから説明されるが、どうもそれだけではないらしい。葉の先の小さなトゲ1つにさえこれだけの機能があるのなら、いったいコケの体全体には、どのくらいの機能が潜んでいるのだろう？

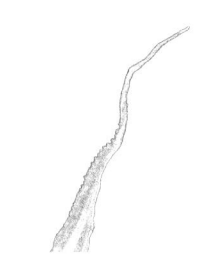

図7　シモフリゴケ（ギボウシゴケ科）の葉の先端

高山のコケは出会いを求めない

　ただ生活するだけでさえも大変な高山帯。この状況の中で、コケはどうやって繁殖しているのだろうか。

　コケの繁殖方法には、有性生殖（受精を経る生殖方法）と無性生殖（体の一部から新たな個体をつくることで、受精を経ない生殖方法）の2つがある。これらの生殖方法は標高とともに変化し、同じ種の中でも、標高が高くなるにつれ、有性生殖の割合が低くなっていくことがある。これは、厳しい環境になればなるほど、有性生殖にかけるコストが少なくなる、と解釈できる。わざわざ異性と出会って子供をつくるより、自分の分身をつくるほうが簡単だから、厳しい環境では簡単なほう

に流れるのだろう。また、雄の方が環境ストレスに弱く、厳しい環境下では雌ばかりになってしまう場合もある。

　例えば、すぐ前に紹介したシモフリゴケ。富士山で行われた研究によれば、標高3000mあたりまでしか有性生殖が確認されず、それ以上の標高では、どうやら無性生殖で繁殖しているらしい。

　厳しい環境に生まれ、出会いを探す余裕もない高山帯のコケたちが、わずかな出会いを確実にものにできることを祈る。

高層湿原──ミズゴケの天下

　植物のなす景観(相観)を分類する区分のうち、コケにちなむものが2つある。1つが先ほどの雲霧林(蘚苔林)、そしてもう1つが高層湿原だ。高層湿原は、ミズゴケ類が多いことから、ミズゴケ湿原とも呼ばれている。第Ⅰ部で紹介した雨竜沼湿原や、関東付近では尾瀬ヶ原などがこれに該当する。なぜ、こうした湿原にミズゴケが多いのか。まずは、高層湿原の成り立ちから紹介しよう。

　雨が降ったり雪が解けたりすると、窪地に水がたまって湿地ができる。すると、水面下は空気が遮られて酸素が乏しくなり、酸素を利用した化学反応で植物遺骸などを分解する好気性細菌の力が弱まる。細菌による分解速度は温度に依存するため、寒冷な地域では細菌の力はさらに弱く、植物遺骸はいっそう分解されにくい。その結果、本来は植物遺骸などが分解されることで湿原に供給されていた栄養分が少なくなり(貧栄養)、植物の生育にとって不利な環境となる。

コケの
生き方⑦ **壁を乗り越え砦とする**

しかし、この悪条件を逆手にとったコケがある。それがミズゴケ類だ。他の植物と比べ、コケはもともと生長に多くの栄養塩類を必要としないが、加えてミズゴケ類は、大気中の窒素を取り込むことができる藍藻類などと共生することで、貧栄養の環境でも旺盛に生育することができる。やがてミズゴケが枯死すると、この枯れたミズゴケが完全に分解されないうちに、その上に覆いかぶさるようにして、新たにミズゴケが生育し始める……。これを繰り返し、いつしかミズゴケの生えている湿原部分が周囲の水面よりも高く盛り上がって

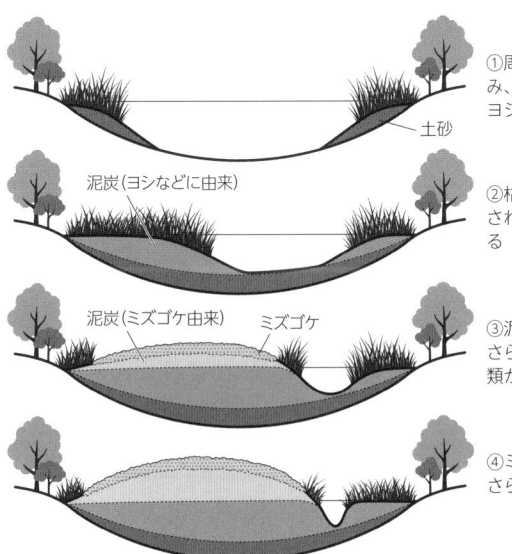

①周囲から泥や砂が流れ込み、池が浅くなる。そこに、ヨシなどの植物が生育する

②枯れた植物が完全に分解されず、泥炭として蓄積する

③泥炭層が厚くなって池がさらに浅くなり、ミズゴケ類が生育し始める

④ミズゴケ由来の泥炭層がさらに厚くなる

土砂

泥炭（ヨシなどに由来）

泥炭（ミズゴケ由来）　ミズゴケ

図8　高層湿原の成り立ち

くる。そのため、湿原に生えようとする植物は、土壌に比べて栄養塩類の少ない雨や霧だけに頼って生きていかねばならない。つまり、ミズゴケが繁栄することで貧栄養に拍車がかかり、他の植物の侵入がますます抑制されるようになるのだ。こうなればしめたもの。ミズゴケ天下である。

　このように、ミズゴケは「貧栄養で生きる」という壁を乗り越えたばかりか、この壁を自らの生育環境を守る砦として利用することで、湿原で圧倒的な存在感を誇っている。なお、高層湿原の「高層」は、ミズゴケ遺骸の上に湿原が形成されていくことで、水位よりも湿原の位置が高くなってしまうことにちなむ。

ミズゴケは地球を守る？

　ところで、ミズゴケ湿原では植物遺骸が分解されにくいと述べたが、一体、どのくらい前の植物が残っているのだろう。

　ミズゴケ湿原でみられる黒っぽい土を「泥炭」という。泥炭の正体は、完全に分解しきっていない植物遺骸の塊である。泥炭層は 1 年に約 1 mm 積もることがわかっているので（ただし、泥炭層の場所などによって堆積速度は異なる）、泥炭層の厚さを調べることで、どのくらい前の植物が分解されきれずに残っているのか見当がつく。例えば、雨竜沼湿原の泥炭層には、約 1 万年も前に枯死した植物が、いまだに完全には分解しきらず蓄積していると推察されている。

　この年代の古さも驚きだが、ここにはもっと重要なメッセージが潜んでいる。生物の体は主に C（炭素）でできているの

で、植物遺骸が細菌類などによって完全に分解されると、泥炭の C は CO_2、つまり二酸化炭素となって放出される。二酸化炭素は温室効果ガスの 1 つとされ、大気中の二酸化炭素濃度の上昇によって地球全体の気温が高くなると考えられている。この関係を考慮すると、本来ならば二酸化炭素の基になる炭素を泥炭の形で地中にとどめ、地球の気温が上昇するのを防ぐという、ミズゴケ湿原の機能が見えてくる。

　少し視点を大きくして、地球スケールで考えると、その驚くべき重要性がわかる。日本ではミズゴケ湿原はそれほど多くはないが、世界の冷涼な地域(ユーラシア大陸北部など)には、見渡す限りの広大なミズゴケ湿原が広がっている。そこで、全世界のミズゴケ湿原に含まれている炭素の量を試算すると、実に大気中にある二酸化炭素とほぼ同量の炭素が蓄積されているようだ。現在の気温を維持できるかどうかのカギは、ミズゴケが握っているといっても過言ではないかもしれない。

硫 黄 泉──地獄でも生きるコケたち

　世界でも有数の、火山が多い地域にある日本。この立地から、温泉が多く、その泉質も多種多様だ。

　中でも代表的なのは硫黄泉である。俗に「温泉の匂いがする」といったら、腐った卵の匂い＝硫黄泉(硫化水素)の匂いをイメージするほどだ。ただ、硫化水素には強い毒性があり、さらに水に溶けると強い酸性になるため、硫化水素が噴出している地域は木や草に覆われず、岩石が露出している。こうした風景は、はるか昔から人々に特別視され、「恐山」や

「地獄谷」など、宗教的な意味合いをもつ地域もある。しかし、この地獄のような環境にもコケは生えている。それも弱々しくではなく、威勢よく、生き生きと。

コケの生き方❽　住みにくい場所を都に

　硫黄泉の近くでオリーブ色をしたコケが大きな群落をつくっていたら、それはチャツボミゴケかもしれない。それどころかこのコケは、硫黄泉以外ではあまり見かけることがない。なぜ、他の植物を寄せつけない硫黄泉にばかり生えているのだろう？

　この謎を解くべく、チャツボミゴケの分布と環境について詳しく調べた研究がある。この研究から、次のような事実がわかってきた。

　(1) チャツボミゴケは、猛毒である硫化水素が酸素と化学反応を起こして無毒化されている環境に生育している。

　(2) この化学反応が起こった環境は強酸性になるが、チャツボミゴケは、強酸性に対しては強い耐性がある。

　(3) さらに、この化学反応の産物として硫酸イオンが発生するが、チャツボミゴケの生育には硫酸イオンが必要である。

　つまりチャツボミゴケは、毒性の強いエリアを避けつつも、強い酸性耐性を利用して、生長に必要な硫酸イオンが供給される硫黄泉を好んで生育している、と理解できる。

　では、チャツボミゴケはなぜ、硫黄泉を好むようになったのだろう？　何も、初めから好きこのんでこうした環境に生

えていたわけではなかっただろう。コケも植物なので、水も光もあって、有毒な物質もない環境のほうがいいに決まっている。でも、こうした環境では生長が速く、すぐに大きくなるような木や草が侵入し、小さなコケはあっという間に端っこに追いやられてしまう。そこでチャツボミゴケは、「住みやすいけれど、競争のある環境」から「住みにくいけれど、競争がない環境」へとシフトしてきたのだろう。「住めば都」というほどすぐには適応できなかったかもしれないが、ともかく徐々に適応し、いつしか自らの都にしてしまったのだ。今ではチャツボミゴケは、硫黄泉では文句なしの王者である。コケを覆い尽くしてしまう木も草も、ここには入ってこれないのだから。

2　山のコケ、環境を語る

コケは環境の変化に敏感な生物なので、その分布や生育状態は環境をよく反映している。中には、コケの変化を見ることで、初めて気がつくことさえある。坑道のカナリアのごとく、コケは山の自然に危険が迫っていることを教えてくれるのだ。ここでは山のコケの声に耳を傾けてみよう。

自然林と植林地

日本は「山の国」ともいわれ、国土の約 70% が森に覆われている。この森の約 60% が手つかずに残った森（自然林）で、約 40% がスギやヒノキ、カラマツなどの植林地だ。森の種類が異なれば、そこに生えるコケの種類も変わる。イメージ的には、自然林のほうで多くのコケがみられそうな気がするが、実態はどうなのだろうか？

そこで、自然林と植林地にいくつか調査区をつくり、コケの豊かさを比較してみた。どちらも一面、立派な木々に覆われていて、その風景だけからすると、大きな差はないように見える。しかし、そこに生えているコケの種類やその数は、やはり大きく違っていた。植林地と比べて、同じ面積の自然林では 3 倍近くもの種が生育していることがわかったのだ。ある程度は予想された結果とはいえ、なかなかの差である。

森の中の小さな環境とコケの特徴に着目してこの結果を解

釈すると、植林地にはない自然林の特徴が見えてくる。

　まず、自然林の環境は「多様」である。地表には凹凸があり、ゴロゴロと大小の岩が点在し、樹木の太さも種類もバラエティーに富んでいる。幹ひとつとってみても、洞があったり曲がっていたりと、その形状はさまざまだ。

　一方の植林地は、施業がしやすいよう、可能な限り均一な環境になっている。地面は平たくならされ、倒木や岩などの障害物は取り除かれる。植林される樹木は同一の樹種で、おまけに幹の太さにも違いがない。

　自然林にみられるこうした小さな環境の多様性は、多くのコケを育む重要な要素になっている。例えば、地表のわずかな盛り上がりでも、小さなコケにとってはまるで丘のような存在のはずだ。「丘」の上では生育できた種が、下では生育できないことも、またその逆もありうるだろう。

　さらに、自然林は大きな攪乱を受けていないことも、豊かなコケが育まれている理由の１つである。攪乱は、そこに生育する生物に影響するだけでなく、目に見えない「生物同士の関係」さえも変えてしまう。

　先述のように、一見、他の生物とは疎遠に見えるコケも、生態系という大きな枠組みの中で、土の中の微生物と物質のやりとりをしていたり、葉に藍藻類を共生させていたりと、生物同士の複雑な相互作用の中で暮らしている。この相互作用をいったん破壊してしまうと、もはや人間の手では元に戻せない。たとえ 100 年、1000 年の時間をかけたとしても、破壊される前と同じ生態系が復元されることはあり得ない。

生態系でみられる生物間の関係は、われわれがコントロールするにはあまりにも複雑すぎるのだ。

　ここで１つ、注意してほしいことがある。以上の結果は、「植林地がいけない」ことを意味するわけではない。植林地は社会的な背景があってつくられ、私たちの生活は植林地の大きな恩恵にあずかっているのだから。重要なのは、今ある自然林の価値に目を向け、利用と保全とのバランスをはかりつつ、今後の日本の森の在り方を考えていくことである。

「変わりゆくコケの森」の教訓

　第Ⅰ部でも紹介したが、大台ヶ原では、30年でコケの森が消えてしまうという悲しい出来事があった。1980年代から2008年までの間に、場所によっては樹幹から90％以上もコケが消えてしまったのである。

　過去の調査記録によれば、20世紀半ばまで、東大台ヶ原はうっそうとしたコケの森だった。しかし、この森を大きな災害が襲う。1959年の伊勢湾台風だ。日本各地に大きな被害をもたらしたこの台風は、大台ヶ原の森もさんざんに荒らしていった。台風の過ぎ去った後は、なぎ倒された木々であたり一面が倒木だらけだっただろう。この台風が原因となって、森の衰退が、ひいてはコケの衰退が始まったと考えられている。

　台風で木が倒れ、森が明るくなる→林床のコケが衰退し、代わって明るい環境を好むササが増える→ササが増えると、ササを食べるシカが増える→増えたシカによって、ササ以外

の植物が食べ尽くされ、林床はいよいよササばかりになる→シカはササばかりを食べるようになり、胃内環境に不調をきたす→胃内のバランスを整えるため、シカは樹皮をかじるようになる→木が弱り、風などによって倒れやすくなる→木が倒れると新たに森が明るくなる→ササが増え……。このサイクルを繰り返した結果が、今の大台ヶ原だとみられている。p.18 で紹介したように、うっそうとしたコケの森の一部が、今では明るく開けたササ原に変わってしまっている。

　しかし、台風は今に始まったものではないはずだ。伊勢湾台風以前はなぜ、大台ヶ原のコケの森が衰退することがなかったのだろう？

　実は、上のプロセスの鍵を握るのが「シカ」であるところに、その秘密がある。

　というのも以前は、シカの天敵であるニホンオオカミが、増えすぎたシカを減らす役割を担っていたのだ。また、冬の大雪もシカの大きな脅威になっていた。シカは雪が深くなると、足をとられて思うように動けなくなってしまうためだ。しかし現在では、オオカミは絶滅し、温暖化の影響で積雪も減り始めた。シカの頭数を抑制していた要因が次々に取り除かれたとなれば、シカは増え続ける一方である。

　ただ、こうして消えていくコケの森を、誰もが指をくわえて見ていたわけではない。関係者が知恵を出しあい、1つの強力な対策が実行された。シカが木の皮をかじれないよう、幹に金網を巻きつけたのだ。さすがのシカも金網を巻かれた樹木はかじれないようで、この対策は樹木の保護には有効だ

った。そこで、この対策は広く採用され、大台ヶ原において金網を巻かれた木の数は、最も多いときで3万本以上にも上った。

しかし皮肉なことに、この対策が、コケにとどめを刺すことになる。風雨にさらされて錆びた金網から金属が流出して金属汚染が引き起こされ、樹幹やそのまわりのコケを壊滅させてしまったのである。

とはいえ、金網による樹木の保護が悪かった、と言い切るのも早計である。この方法はたしかにコケにダメージを与えていたわけだが、その一方で、こうした保護がなければ、森の荒廃がいっそう進み、今よりももっとコケが減っていたのかもしれないのだから。

このように、大台ヶ原でみられるコケの森の劣化は、自然の複雑な相互作用を理解する難しさを教えてくれる。もとをたどれば、大台ヶ原の自然の劣化は100年以上前、ニホンオオカミが絶滅したときから少しずつ始まっていたのかもしれない。

温暖化でコケはどうなる？

山のコケを語る上で外せないのが、地球レベルの環境変動の1つ、温暖化だ。化石燃料の使用に伴う二酸化炭素の排出などによって、1880〜2012年の間に地球の平均気温は約0.85℃上昇したといわれている。さらに、今後、効果的な地球温暖化対策が行われなければ、2100年頃には、今よりも最大で4.8℃も気温が上昇するとも予想されている。

　先述のように、山の気温は標高によって大きく異なり、植生やコケの分布に大きく影響している。そのため、地球温暖化で気温が上昇すれば、そこでみられるコケにも何らかの変化が現れそうだ。

　そこで、中央アルプスの標高2800m地点(信州大学西駒演習林)に設置された、人為的に気温を上昇させた区画(実験区)と、人為的な気温操作をしない区画(対照区)を利用して、気温の上昇がコケにどのような影響を与えるかを調べてみた。気温を上昇させてから6年後までのコケの変化を図9に示す。なお、ここでは説明を簡易にするために一部のデータ(匍匐性セン類)だけを示してある。このグラフを見れば一目瞭然、気温の上昇とともに、コケがガクンと減っていることがわかる。

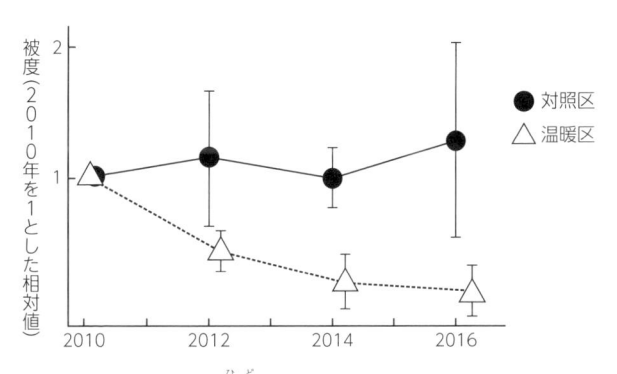

図9　匍匐性セン類の被度(区画の中を被っている度合)の経年変化。△は人為的に温度を上昇させた区画(実験区)、●は対照区における被度を示す。本実験は田中健太さん(筑波大)、小林元さん(信州大)、鈴木智之さん(東京大)とともに行った

　ここで、照葉樹林の「気温の壁」を思い出してみよう。樹木や草のように、根から能動的に水を吸い上げられないコケは、体の表面から直接、水を吸収している。裏返せば、体の表面から水が失われやすいともいえる。気温の上昇に伴って乾燥した空気は、コケの体内から容赦なく水を奪っていく。そして乾燥化と気温の上昇が同時に起こることで、コケのエネルギー収支は一段と悪化し、さらなるコケの衰退を招くことになるのだ。

　厳しい気候のために植生が発達しない高山帯では、コケのマットが、強い雨風によって土壌が侵食するのを防ぎ、草木の種子を乾燥から守り、さらには小動物の住処ともなっている。「コケなくして高山帯は語れない」のだ。温暖化が進み、「コケをなくした高山帯」を語らなければならなくなったとき、一体、そこにはどんな風景が広がることになるのだろうか。

高山のコケを汚すのは……

　人里離れた高山帯。見渡す限りの大自然が広がり、空気も美味しい。大気汚染とは無縁の地域と思えるが……実際は、そうでもないようだ。

　北・南アルプスと八ヶ岳のコケに含まれる大気汚染物質を調べたところ、なんと、発がん性のある有機化合物が、高山帯のコケに高濃度で含まれていることがわかった。ただ不思議なことに、それら高山帯のコケから見つかった汚染物質は、山麓の都市（長野市・松本市など）よりも、遠く離れた日本海側

の都市(金沢市・富山市など)のコケに含まれるものに似た特徴をもつこともわかってきた。一体どうしたことだろうか。

この謎を解くヒントは、「日本海側の都市、ひいては高山帯のコケに含まれる大気汚染物質は、中国の都市の大気中のものと似ている」ことにある。

毎年春になると黄砂が話題になるように、偏西風や季節風にのって、ユーラシア大陸から多くの大気汚染物質などが流れてくる。とくに、中国の都市部では人口が多く、化石燃料なども大量に消費されるため、排出される大気汚染物質の量も、周辺の他地域と比べて桁外れだ。強風が吹き荒れ、高い樹木に覆われることのない高山帯では、大陸由来の物質が直接コケに降り注ぎ、容易に取り込まれてしまう。高山帯のコケに含まれる大気汚染物質が中国の大気中のものと似かよっているのは、こうした経緯によるのだろう。

いったんコケに取り込まれた物質は、長い時間をかけて、生態系の中に取り込まれていく。そして生物濃縮によって、鳥や哺乳類など、食物連鎖の頂点にいる生物にじわじわと蓄積されていく。

これまでの歴史が教えてくれるように、取り返しのつかないほどの変化が起こってからでないと、人は自然の訴えに気づけない。高山帯のコケは、小さな声を懸命に張りあげて、今起こっている環境の変化を、いち早く私たちに教えてくれているのかもしれない。

山の歴史の語り部たち

　日本の高山帯に分布している種は、生物の分布を考える上でとても貴重な存在だ。

　地球ではかつて、寒冷な「氷期」と温暖な「間氷期」が何度も繰り返され、氷期の間には海面が低下し、日本列島とユーラシア大陸は陸続きになった。現在、高山帯に分布している種の多くは、氷期にユーラシア大陸から日本にまで分布を広げた後、氷期の終焉とともに温暖な低地から姿を消し、現在は高山帯でほそぼそと生きながらえてきた種だと考えられている。この何百万年にもわたって繰り広げられた壮大な物語を、山のコケは静かに語ってくれる。

　例えば、p.17で紹介したナンジャモンジャゴケ。パンチの効いた名前もさることながら、大変興味深い分布をしてい

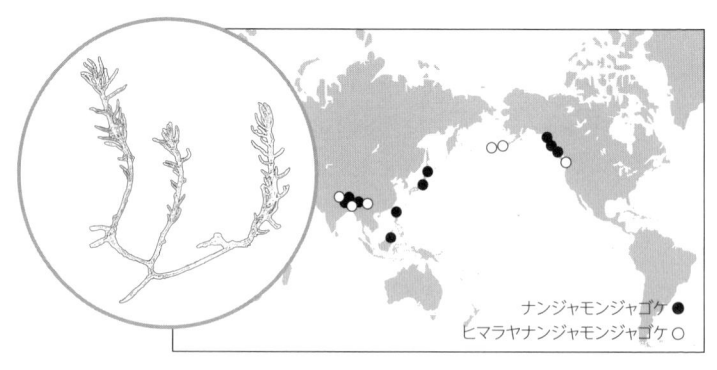

図10　ナンジャモンジャゴケ類の分布。ナンジャモンジャゴケと近縁種のヒマラヤナンジャモンジャゴケは、いずれも太平洋沿岸にのみ分布する。樋口（2000）を参考に作成

る。日本の中部山岳地域で発見されたこのコケはその後、台湾やヒマラヤ、ボルネオ、さらにはアメリカ北西部でも発見された。その一方で、アフリカやオーストラリア、南米大陸からは報告されていない。

　このように、ナンジャモンジャゴケの分布が北半球、しかもアジア・北米に偏っているのは、このコケが氷期に、アジアから、樺太やアリューシャン列島を通じて本州や北米にまで分布を伸ばしていたためだろう。つまり、海面が下がって大陸と日本が陸続きだった氷期に、ナンジャモンジャゴケは小さな歩みを繰り返し、本州の山々にまでわたってきたのだ。小指の先ほどの小さなコケだが、その体には、数万年にわたってコケたちが紡いできた歴史が秘められている。

3 コケと一緒に山歩き

さて、それではいよいよ、山のコケに会いに行ってみよう。以下では、コケを楽しみながら山歩きをするための基本を紹介する。

基本1 登山計画をしっかり立てる

これは基本中の基本だ。全体の行程はどのくらいかかるか。どこに見たいコケがあって、そこでどのくらいの時間を過ごすのか、山小屋には時間通りに着けるのか。当たり前のことだが、ポイントを押さえておかないと、重大な事故にもつながりかねない。コケを見ているうちについ夢中になってしまい、予想以上に時間をくってしまうことがある……というより、常に時間をくってしまう、と考えた方がいい。

いくら登山道が整備されている山でも、決して安全が確保されているわけではない。山の天気は急に変化する。とくに夏季には、午前中は晴れていても、午後になると突然、雷雨に見舞われてしまうことも多い。山での危険性を最小限にするために、事前に余裕のある登山計画を立ててから、山のコケを楽しもう。

基本2 「コケ観察の七つ道具」を持参する

山のコケを楽しむために、役に立つ道具がいくつかある。

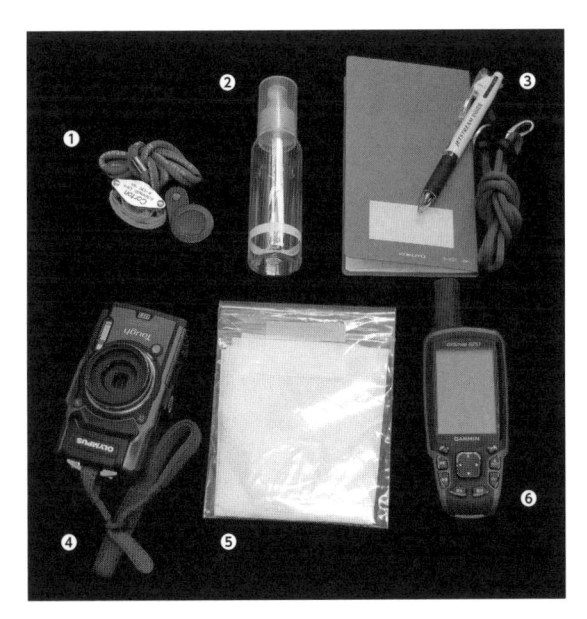

図 11　山のコケ観察の「七つ道具」のうち6つ。7つめは……

この七つ道具があれば、コケ歩きがぐんと楽しくなるはずだ。

　① ルーペ　コケを見るために必須の道具。小学校などで使う虫眼鏡ではなく首からぶらさげるタイプのルーペで、倍率は10倍程度のものがおすすめ。価格はピンキリだが、2000〜3000円程度のもので十分だろう。なお、20倍程度のルーペを使えば、より細かいものが観察できるが、見える範囲が狭くなり、おまけに暗くなってしまうので、ここぞという時のためのプラスαとして持っておく方がいいだろう。

② **霧吹き**　乾燥したコケを湿ったみずみずしい姿にするのに必須のアイテム。たまに「ペットボトルの水をかけたらいい」という人もいるが、こうするとコケ全体が水浸しになってしまうので、あまりおすすめできない。なお、「霧吹き」といっても、園芸用の大きな霧吹きは必要ない。普通に観察する程度ならば、旅行用に化粧水などを入れる、50〜100 ml くらいの小さな霧吹きがあればいい。

③ **野帳**　ちょっと頑丈なメモ帳。最近は色も種類も豊富で、防水紙を使ったものもある。ここには、登山行程や出会ったコケを書き込んでいこう。こうした情報は、以前に行った山を再訪する時や、コケの特徴をつかむのに役立つ。夜に山小屋で、その日歩いた道や出会ったコケを野帳にまとめていると、何だか日記を書いているようで、ちょっと楽しくなったりもする。久しぶりに野帳を読み返し、セピア色の思い出に浸ってしまうこともしばしば。

④ **デジタルカメラ**　コケの美しい瞬間をとるのに大きな力を発揮する。デジタルカメラの性能もかなり良くなり、最近はマクロモードで簡単にコケの写真をとれるようになった。カメラ１つあれば、一日中、コケと向き合っていても飽きることはない。可能ならば、防水機能などがついている丈夫なカメラが望ましい。

⑤ **ペーパータオル**　コケを観察する時やカメラでコケを

撮影する際、霧吹きで水をあげすぎたり、あるいは雨あがりだったりして、コケが水浸しになっていることがある。そんな時はペーパータオルで水気をふきとってあげれば、ほどよく湿った状態のコケを楽しむことができる。ペーパータオルは、いろいろと活躍する場面がある便利な小道具なので(昼食時など)、携帯しておきたい。

⑥ GPS コケを観察した場所を記録したり、自分がどこにいるのか把握したりするのに役立つ。最近の携帯電話にはGPS機能がついているものが多いので、それを活用しても良いだろう。ただ、山岳地域では携帯の電波が入らないことや、バッテリー切れになってしまうこともある。自身の安全のためにも、携帯電話のGPS機能はあくまで予備として、専用のGPS機器を1つ持っておくのが好ましい。

⑦ この本 小さなコケの世界をどう見るかは人それぞれ。本書の解説を参考にしつつ、実際のフィールドで見たもの・感じたことをありのままにこの本に書き足してみよう。本書を持って何ヶ所か山を巡れば、きっと、世界でたった1つの、オリジナルな「山のコケ探訪記」になっているはずだ。

基本3 山小屋も絶好のコケスポット

時間通り行動して、余裕を持って山小屋に着いた。でもまだ日は沈んでいない。そんな時には、「もっとゆっくり登ってきた方がよかった」と感じるかもしれない。

でも、後悔することなかれ。山小屋付近も、絶好のコケ観察スポットだからだ。

山小屋周辺には、うっそうとした森には生えない、明るい環境を好む種がみられる。さらに、標高が高い場所にある山小屋では、運がよければ、マルダイゴケなど、窒素の濃度が高い場所に生えるコケと出会える可能性もある。

なお、本来低地に生えているはずのゼニゴケも、山小屋付近に生えていることがある。おそらく、靴の裏にくっついて、低地から登ってきたのだろう。こうしたコケたちを眺めながら、その背後にある物語を想像するのもまた一興だ。

基本4 季節ごとのコケを楽しむ

花に季節があるように、コケにも季節がある。コケは胞子体を春や秋につけるものが多く、胞子体の有無でコケの印象がガラリと変わる。さらに、コケの緑も季節ごとに異なる。春は雪解け水で潤ったみずみずしい鮮緑色を、夏には生命力にあふれて輝くような緑を、そして秋から冬にかけては、しっとりした深緑色を楽しめる。

その他、イワダレゴケ(p.42)などのように、1年ごとの生長量が階段状にはっきり現れる種は、見る季節によって茎の伸長の程度が異なり、違った印象を受ける。なお、ハミズゴケ(p.9)などの場合、そもそも胞子体がある季節でなければ、その存在にさえ気がつかないことも多いだろう。「胞子体がないときに、原糸体の色だけで、いかにしてハミズゴケを見つけるか」というやや玄人向きの楽しみ方もある。

基本 5　コケの名前を「適度に」知る

第Ⅰ部の「コケ図鑑」では、山岳地域でよく出会う 31 種のコケを紹介した。が、もちろん、これですべてではない。日本には約 1800 種ものコケがみられるのだから、当然、山では本書で紹介していない種にも出会う。

名前がわからないと、もどかしく感じることもあるかもしれない。そんな時は、「○○の仲間に似ているかな？」と、数あるコケの中から似ているコケをピックアップしておこう。こうして大まかに種の同定をしておくだけで記憶が鮮明に残り、専門家に聞いたり、インターネットや大型の図鑑を利用したりして名前を探すのに大きく役立つはずだ。

ただ、「名前がわからない」ことを気にする必要はない。コケの種を同定するのは大変難しく、専門家に聞いてもわからない種も少なくない。専門家の間ですら、「この仲間は○○さんに聞かないとわからない」というとんでもないグループさえある。一部の特徴的な種以外は、「この仲間だね」くらいでいる方が、ストレスもたまらないだろう。

最 後 に

この本を手に取ってくださった方は、きっと、コケに興味を持ち、もっともっと知りたいと思っていることだろう。だからこそ、最後に 1 つだけ、大切なことを伝えたい。

コケは非常に繊細で、「一摘み採る」といった、わずかな行為によってでさえ、大きな影響を与えてしまうのだ。コケ

を知ると、身近な種だけでなく、見たことのない種や希少な種にも興味が湧いてくる。そんな種を見つけた時は、気持ちが高ぶって、少し摘み取ってルーペで見たくなってしまうかもしれない。でも、そのたった一摘みでできた小さな隙間から乾燥が進み、群落全体が消えてしまうことさえある。そのため、コケを観察する時は、コケに悪影響を与えないよう細心の注意を払わなければならない。

　皮肉なことに、コケブームに比例するように、各地でコケの被害が少しずつ広がっている。とくにヒカリゴケなどの人気のあるコケは、乱獲によって既知の産地から次々に消失しつつある。販売されているコケの中には、栽培されていないものも少なくない。場合によっては植物採取が禁止されている地域から採ってきたと思われるコケでさえ、当たり前のように売られている。

　たとえどんなにうまく、丁寧にコケを育てたとしても、野外のコケの美しさには決してかなわない。逆にいえば、厳しい自然環境の中で必死に生きているからこそ、コケは美しく輝くのだ。

　報道でもよく耳にするように、現在、地球環境は大きく変化しつつある。ある研究では、2070〜2100年頃までに、山岳地域に分布する植物のほぼ半数が生育地を失ってしまうと予想している。今、生えているコケの中には、生き残るか消えるかの瀬戸際にあるものも少なくない。

　地球レベルで進行する大きな環境変化の中で、一人ひとりにできることは限られている。とはいえ、そのできることを

しなければ、コケの衰退、ひいては自然環境の劣化にますます拍車をかけることになる。今は、環境問題を解決へと導いてくれる優れた技術や、社会の変化などの「何か」が現れることを待望しつつ、コケを観察できる場所を少しでも多く守っていくことが、コケに魅せられた私たちの使命ではないだろうか。

参考文献

秋山弘之(2006)　北半球に広く分布するタカオジャゴケに与えられた新しい学名，蘚苔類研究 9：88-91.

Bates, J. W. (1998) Is 'life-form' a useful concept in bryophyte ecology? *Oikos* 82: 223-237.

Bisang, I. & Hedenäs, L. (2005) Sex ratio patterns in dioicous bryophytes re-visited, *Journal of Bryology* 27: 207-219.

Chapin, F. S. III. *et al.* (1987) The role of mosses in the phosphorus cycling of an Alaskan black spruce forest, *Oecologia* 74: 310-315.

During, H. J. (1979) Life strategies of bryophytes: a preliminary review, *Lindbergia* 5: 2-18.

Engler, R. *et al.* (2011) 21st century climate change threatens mountain flora unequally across Europe, *Global Change Biology* 17: 2330-2341.

Goffinet, B. *et al.* (2009) Morphology and classification of the Bryophyta: 55-138. In: B. Goffinet & A. J. Shaw (eds.), *Bryophyte Biology*, 2nd ed., Cambridge University Press, Cambridge.

樋口正信(2000)　ナンジャモンジャゴケの正体を探る，国立科学博物館ニュース 371：24-27.

樋口正信(2012)　北八ヶ岳 コケ図鑑，北八ヶ岳苔の会.

樋口正信・古木達郎(2018)　八ヶ岳の蘚苔類チェックリスト，国立科博専報 52：39-64.

井上太樹・飯島勇人(2013)　倒木上での樹木の更新における蘚苔類群集の影響，日本生態学会誌 63：341-348.

Iwatsuki, Z. (2004) New catalog of the mosses of Japan, *Journal of the Hattori Botanical Laboratory* 96: 1-182.

岩月善之助編(2001)　日本の野生植物 コケ，平凡社.

片桐知之・古木達郎(2018)　日本産タイ類・ツノゴケ類チェックリ
　　スト，2018，Hattoria 9：53-102.

北川尚史(1975)　葉上生のコケ II，しだとこけ 9(2)：9-10.

北川尚史(2017)　コケの生物学，研成社.

Kostka, J. E. *et al.* (2016) The Sphagnum microbiome: new insights
　　from an ancient plant lineage, *New Phytologist* 211: 57-64.

丸尾文乃(2017) Studies on restricting parameters of sexual repro-
　　duction in the moss *Racomitrium lanuginosum*, 総合研究大
　　学院大学博士論文.

Moore, P. D. (2002) The future of cool temperate bogs,
　　Environmental Conservation 29: 3-20.

守田益宗(1985)　暑寒別岳雨竜沼湿原の花粉分析的研究，東北地理
　　37：166-172.

中坪孝之(1997)　陸上生態系における蘚苔類の役割——森林と火山
　　荒原を中心に，日本生態学会誌 47：43-54.

Oishi, Y. (2011) Protective management of trees against debarking
　　by deer negatively impacts bryophyte diversity, *Biodiversity
　　and Conservation* 20: 2527-2536.

Oishi, Y. (2014) Differences in bryophyte diversity between
　　subalpine *Abies* forests and *Larix* plantations, *Advances in
　　Environmental Research* 37: 147-158, Nova Science Publishers
　　Inc., New York.

Oishi, Y. & Doei, H. (2015) Changes in epiphyte diversity in
　　declining forests: implications for conservation and restoration,
　　Landscape and Ecological Engineering 11: 283-291.

Oishi, Y. (2018) Comparison of moss and pine needles as bio-
　　indicators of transboundary polycyclic aromatic hydrocarbon
　　pollution in central Japan, *Environmental Pollution* 234: 330-
　　338.

Oishi, Y. (2018) Evaluation of the water-storage capacity of
　　bryophytes along an altitudinal gradient from temperate forests

to the alpine zone, *Forests* 9: 433.

佐竹研一(2014)　銅ゴケの不思議 改訂版，株式会社イセブ.

柴田叡弌・日野輝明(2009)　大台ヶ原の自然誌——森の中のシカをめぐる生物間相互作用，東海大学出版会.

Tao, Y. & Zhang, Y. M. (2012) Effects of leaf hair points of a desert moss on water retention and dew formation: implications for desiccation tolerance, *Journal of Plant Research* 125: 351–360.

あとがき

　本書は、2015 年に出版した、日本庭園のコケに着目した書籍『苔三昧——モコモコ・うるうる・寺めぐり』(岩波書店)の続編になる。今回の舞台は、お寺の庭園ではなく山岳だ。人の手でつくられたコケの風景を鑑賞できる庭園と、自然がつくったコケの景色を楽しめる山岳。庭園のコケには日本文化で洗練されたわび・さびの風情を、山のコケには神秘的な原生林の趣を感じることができる。同じコケでも、生える場所が変わるだけで、感じられる印象が異なるのが興味深い。

　さて、意外と知られていないが、日本は世界で最もコケが豊かな国の 1 つだ。しゃがんでまわりを見渡せば、たいていの場合、何かしらのコケがある。人は、遠方にある鮮やかな花々が咲き誇る名所は知っていても、窓の外でひっそりと可憐に咲く花々には気がつかないという。同じように私たちは、足元に広がっている、小さくとも美しいコケの世界は見過ごしがちなのかもしれない。これは少しもったいない気もする。せっかく日本にいるのなら、たまには目線を足元に下げて、コケの世界をちょっぴりのぞいてみてはどうだろう？『苔三昧』と本書の 2 冊をカバンに忍ばせておけば、街でも山でも、日本中どこに行っても、コケの世界を楽しめるはずだ。

　ただ、本書を執筆する上で、正直なところ、少し戸惑いもあった。「美しいコケの風景を紹介することで、もしかした

ら、コケの危機に拍車をかけてしまうことになるかもしれない」と。近年のコケブームもあり、観光客による踏みつけや一部の愛好家による過度の採取、業者による乱獲で、深山の美しいコケの景色が消えつつある。インターネットで少し検索すれば、採取禁止区域となっている山地からコケを採ってきたことが平然と紹介されており、「山のコケを採ってこれだけ儲けた」などという話がテレビで放送されたことさえある。

　あれこれと思案してたどり着いた答えが、「コケの魅力も危機も知ってもらい、あとは、この本を手に取ってくれた方のマナーを信じる」ことだった。本文でも述べたが、たった一摘みのコケの中には、数十年分の時間が詰まっていることがある。いったん失われてしまったら、美しいコケの景色は簡単には元に戻らない。

　カバンのポケットに収まるほどの本ではあるが、この小さな本の中にギュッと詰め込んだ思いを感じとっていただけたら幸いである。

　2019 年 4 月

大 石 善 隆

コケ和名索引 （「必見！ 山のコケ図鑑」掲載ページは太字で記す）

地名索引

大石善隆

静岡県浜松市出身。京都大学農学研究科博士課程修了。博士(農学)。福井県立大学学術教養センター准教授。専門はコケの生物学。日本全国をまたにかけ、小さな体でたくましく生きるコケの生態や機能に迫る。大学ではコケの魅力を紹介するとともに、小さなコケから自然環境や文化、現代文明、ときに人生を考える講義を行う。著書に『苔三昧——モコモコ・うるうる・寺めぐり』(岩波書店)など。

苔登山（こけとざん）——もののけの森で山歩き

2019年6月7日　第1刷発行

著　者　大石善隆（おおいしよしたか）

発行者　岡本　厚

発行所　株式会社 岩波書店
〒101-8002 東京都千代田区一ツ橋2-5-5
電話案内 03-5210-4000
https://www.iwanami.co.jp/

印刷 製本・法令印刷

© Yoshitaka Oishi 2019
ISBN 978-4-00-022964-7　　Printed in Japan

<ruby>苔三昧<rt>こけざんまい</rt></ruby>

苔三昧

モコモコ・うるうる・寺めぐり

大石善隆

四六判・並製・108 頁
本体 1600 円

凛としたウマスギゴケ、ふさふさのヒノキゴケ、透き通るようなコツボゴケ……。ただの緑のじゅうたんと言うなかれ。大自然が凝縮された「お寺の庭」は、知られざるコケの宝庫だ。全国津々浦々、選りすぐりのコケ庭とともに、約 40 種のコケたちの個性ゆたかな素顔を紹介。お寺に行ってコケを見る、前代未聞のコケ入門。

── 岩 波 書 店 刊 ──

定価は表示価格に消費税が加算されます
2019 年 6 月現在